KB088545

엄마의 뇌에 말을 걸다

30년차 다큐멘터리 작가,
변해가는 엄마의 뇌에
숨겨진 과학적 비밀을 발견하다

10개의 키워드로 이야기하는 나이 듦의 뇌과학

엄마의 뇌에
말을 걸다

이
재
우
지
음

"우울, 집착, 거부, 분노, 불면…
엄마의 뇌에서는
무슨 일이 벌어지고 있을까?"

카시오페아
Cassiopeia

'나이 듦'이란 온갖 낯선 것들에 익숙해지다가
어느 순간 익숙해진 것이 다시 낯설어지는
그러다가 죽음에 이르러 세상에 모든 것을 돌려주고
그것과 하나가 되는 과정이다.

인문의학연구소 소장 강신익

우리는 늙어가는 자신과 주변 사람들을 매일 보고 지냅니다. 아시다시피 노화는 피할 수 없는 자연의 철칙으로 그저 받아들일 수밖에 없습니다. 이 노화 문제를 더 근심거리로 만드는 것이 있는데, 바로 치매 현상입니다. 안타까운 점은 당면한 현실이 이러한데도 불구하고 교육 과정에서 노화에 관한 교양과목이나 지식을 다루지 않고 있다는 사실입니다. 제대로 배워본 기회가 없는 만큼 노화 문제를 외면하고 또 등한시하기 일쑤입니다.

치매는 고령화 사회의 대표적 질병인 암보다도 더 두렵고 위험하며 가족에게까지 부담을 주는 불치병입니다. 나이에 따라 발생률이 점차 증가하여 현재 70세 이상 노인 가운데 3~4명, 90세 이상이 되면 5~6명이 치매 환자입니다. 즉, 백세시대에 살다가 90세가 넘어가면 절반 이상이 치매에 걸리는 것입니다. 게다가 치매만큼 개인의 정신 건강을 해치고 의학적으로 가장 어려운 해결책을 요구하는 '미궁의

병'은 없을 것입니다. 더욱더 두려운 문제는 한번 치매에 걸리면 현대의 첨단 의술로도 예방이나 약물치료로 뚜렷한 치료 효과를 볼 수 없다는 사실입니다. 또한 치매의 진행이 급성이 아니라 점진적으로 이루어지는 경우에는 5~10년 이상 장기 간호가 필요한 병입니다. 따라서 환자뿐만 아니라 곁에서 보호하는 가족에게까지 막대한 재정적·심리적 피해를 줍니다. 더 나아가 사회적 문제로 떠오른 만큼 국가에도 엄청난 부담과 문제를 안겨주고 있는 21세기의 최고 난치병이라 할 수 있습니다.

제시한 문제 중에 가장 큰 애로사항은 바로 환자의 요양간호입니다. 다른 육체적 질병과 달리 정신적·심리적 문제와 함께 인지적 장애가 주된 증상이다 보니 다른 질병보다 돌보기가 더 힘이 든 것이 사실입니다. 치매 요양간호사의 하루는 24시간이 아니라 36시간이라는 말이 있을 정도입니다. 발표된 자료에 의하면 실제로 치매 환자를 간호하는 사람은 그 스트레스로 인하여 사망률이 일반인보다 30%가량 높다고 합니다. 또한 그들의 수명도 약 5년이 짧다는 통계보고가 있습니다. 떠도는 이야기로 '치매 환자 한 명으로 인해 희생자가 세 명이 된다'는 말이 있을 정도입니다. 이처럼 치매라는 질병은 요양간호 차원에서도 심각한 문제입니다.

이런 관점에서 《엄마의 뇌에 말을 걸다》는 노화, 특히 치매에 관심이 있는 독자들에게 어느 서적보다 더 값진 조언을 주리라 생각합니다. 저자는 실제로 지금까지 치매를 앓고 계시는 어머니를 간호하면서 전과 다른 이상 행동을 이해하기 위해 뇌과학을 공부했습니다. 그 과정에서 경험했던 수많은 시행착오 과정이 담겨 있습니다. 본인의 경험뿐만 아니라 치매 부모님을 돌보고 있는 이들을 만나 다양한 사례들을 곁들였기 때문에 비슷한 환경에 있는 독자들이 공감할 수밖에 없을 것입니다. 또한 남다르게 탁월한 글 솜씨와 직면한 상황에 대한 투철한 분석력을 느낄 수 있습니다. 노화와 치매에 관한 교양서적으로서 많은 사람에게 도움이 되길 바랍니다.

미국 텍사스 주립 의과대학 명예교수
前 미국 노년 학회 회장
유병팔

　얼마 전 김혜자 씨가 주연으로 나온 '눈이 부시게'라는 드라마가 적지 않은 반향을 일으켰습니다. 시청자들이 처음에는 요즘 트렌드가 되다시피 한 타임 슬립 드라마일 거라 예측했지만, 김혜자 씨가 알츠하이머 치매 환자였다는 놀라운 반전으로 화제를 낳았습니다. 거기에 "눈이 부시게 오늘을 살아라"라는 김혜자 씨의 마지막 대사 역시 아직도 마음속에 아련한 파장으로 남아있습니다. 물론 예상치 못한 반전이나 주옥같은 대사들도 감동적이었지만, 무엇보다 이미 우리의 공통의 문제가 되고 있는 치매를 드라마의 소재로 삼았다는 점에서 더 큰 공감과 관심을 불러일으키지 않았나 생각합니다.

　65세 이상 노인 인구 10명 중 1명이 치매 환자인 현실에서 누구도 치매라는 질병으로부터 자유롭지 못합니다. 현 정부가 치매를 국가에서 책임지겠다고 발표한 이유이기도 합니다. 아직 다듬어 가야 할 문제들은 여전히 산적해 있지만 치매를 본인과 가족의 고통으로만

방치하지 않고 국가에서 나서겠다는 방향에는 공감하고 지지합니다. 이런 가운데 『엄마의 뇌에 말을 걸다』에서 다루고 있는 내용은 단순한 공감을 넘어 '치매의 국가 책임제'를 완성해 가는 과정에서 만나는 난제를 풀어나갈 수 있는 열쇠를 제시해줍니다. 치매 환자의 정신 이상 행동 인정해 주기, 감정 파국이 멈출 때까지 기다려 주기, 인격적 존재로 존중해 주기. 이 세 가지가 지난 3년 여 동안 저자가 치매에 걸린 어머니의 뇌와 수없는 대화를 시도한 끝에 머리 그리고 가슴으로 내린 해답이자 결론입니다.

또한 이 책은 저자의 경험만으로 직관적인 결론을 내리지 않습니다. 인간의 뇌에 대한 과학적이고 집중적인 연구와 함께 같은 고통을 겪고 있는 치매 보호자들에 대한 폭넓은 인터뷰를 통해 해답을 제시함으로써 설득력을 높였습니다. 따라서 국가가 치매를 책임지는 정책을 수행할 때, 그저 환자 수용 시설이나 간병인 확보와 같은 하드웨어 측면에만 신경을 쓴다면 치매 환자들을 실질적으로 이해하고 돌보는 데 실패할 수 있다는 점을 시사한다고 생각합니다. 다시 말해 치매 환자를 돌보는 가족들은 물론 환자를 수용하거나 치료하는 시설에 종사하는 사람들이 참고하고, 더 나아가 그들에게 교육돼야 할 내용이 담겨 있습니다.

이 책을 써나가는 과정에서 수도 없이 울었다는 작가의 얘기를 사석에서 들은 바 있습니다. 책 속에서 다루는 대상이 다른 사람이 아닌 '엄마'이다 보니 그럴 수밖에 없었을 것입니다. 이 작가의 어머니는 현재 치매 이외에 폐렴 등 내과적 증상으로 고통 받고 있는 것으로 알고 있습니다. 10년 전 이미 엄마와 이별한 입장에서 저자가 조금 마음을 내려놓았으면 하는 바람이지만, 마음이 여린 이 작가에게는 아무래도 어려운 일일 것 같습니다. 그래도 엄마의 병에 관해 집요하게 연구한 결과 엄마의 달라진 말과 행동을 이해하게 된 딸을 둔 이 작가의 어머니는 어떻게 보면 행복할 수도 있겠다는 생각이 듭니다.

머리뿐 아니라 가슴으로 써내려간 이 저서가 같은 입장에 있는 사람들에게 도움을 넘어 큰 위안이 되길 바랍니다.

KBS 보도본부 해설국장

일요진단 · 뉴스투데이 진행자

김진수

무너져가는 엄마의 뇌를
뇌과학으로 바라보다

저는 뇌를 연구하는 학자도, 뇌질환 환자를 치료하는 의사도 아닙니다. 30년째 현업에서 열심히 일하고 있는 다큐멘터리 방송작가입니다. 다만 카이스트 과학저널리즘대학원에서 뇌과학을 공부한 덕에 우리 뇌가 작동하는 방식을 좀 더 자세히 알게 됐습니다. 뇌과학 분야에 관심을 가진 이유는 더 탄탄한 다큐멘터리를 만들기 위해서이기도 했지만, 치매 진단을 받고 나날이 변해가는 저희 엄마를 제대로 이해하고 싶었기 때문입니다.

뇌의 노화와 치매라는 문제는 고령화 시대 가장 중요한 화두가 되고 있습니다. 2018년에 중앙치매센터가 발표한 자료에 따르면 65세 이상 치매환자가 전체 인구의 10분의 1 수준이라고 합니다. 치매는 환자 본인만이 아니라 가족 등 보호자들에게도 큰 고통을 주지요. 그분들에게 제 경험을 공유하기 위해 책을 써야겠다는 사명감을 갖게 됐습니다.

정도의 차이는 있지만, 기억력이 떨어져 일상생활에서 자꾸 실수를 하는 증세는 노화 과정에서 누구나 겪는 일입니다. 저희 엄마도 마찬가지였습니다. 일상의 작은 실수로 시작된 증세는 점점 이해할 수 없는 정신이상 행동으로 발전했고, 저는 요샛말로 '멘붕'에 빠졌습니다. 그 이상 행동들이 엄마의 뇌가 아프다고 호소한 것이라는 사실을 뇌과학을 공부하면서 하나씩 깨닫게 됐습니다. 뇌혈관성 치매 진단을 받은 후 엄마는 점점 낯선 사람이 되어갔습니다. 이 책에는 "엄마, 도대체 왜 그러시는 거예요?"라고 질문을 쏟아붓던 딸이 엄마의 뇌에서 답을 찾아가는 3년여의 여정이 담겨 있습니다.

지금까지 수많은 뇌 연구자가 방대한 임상실험 데이터를 통합해 뇌의 작동 원리와 발달 기제 등을 증명해왔습니다. 신경과 의사는 환자에게 나타나는 증상에서 뇌 병변이 의심되면 뇌 영상(MRI, PET검사)과 인지검사를 통해 질환을 진단합니다. 그리고 정신과 의사는 인지신경심리학으로 정서와 행동에 관해 뇌의 기저를 설명합니다. 저는 한 여성이 늙어가는 과정에서 겪는 희로애락과 치매라는 질병 앞에서 무너져가는 과정을 위 세 가지 분야 전문가들의 이야기를 종합해서 뇌과학으로 이해하고자 했습니다. 이 책을 집필하면서 치매라는 병에 대한 궁금증이 더 커졌고, 다양한 연구 논문과 각계 전문가들이 밝혀낸 '인간과 뇌'에 대해 탐구하게 됐습니다. 그러자 실타래처럼 얽혀있던 뇌에 대한 수수께끼가 풀리기 시작했습니다.

그렇지만 뇌와 정서, 뇌와 성격, 뇌와 인지, 뇌와 운동에 관한 이야기를 '엄마의 뇌'를 통해 해석해본다는 건 제게 참으로 참담한 일이었고 감정노동이 심한 작업이었습니다. 포털에서 치매 증세, 치매 가족으로서의 대처법 등을 검색하면 수없이 많은 정보가 쏟아져 나옵니다. 치매에 걸린 사람들은 처음에는 기억력을 점점 상실하다가, 정신 이상 행동을 하고, 그다음 단계에서는 혼돈에 빠집니다. 그런데 이런 정보를 알고 있다고 하더라도 보호자는 늘 무력감을 느낍니다. 저 역시 그랬습니다. 어떻게 대처해야 할지 난감할 때, '엄마를 세 살짜리 아이처럼 대하자'고 수없이 다짐했습니다. 하지만 진실은, 엄마는 엄마일 뿐 세 살짜리 아이일 수 없다는 것입니다.

아이는 서투른 행동을 하면서 자라기 마련이고, 경험을 통해 행동이 수정되면서 뇌가 발달합니다. 그 과정에서 지능과 정서도 상호 작용하면서 성숙해갑니다. 그렇지만 노년에 이르러 치매가 시작되면서 기억력과 인지력, 감정 조절력을 잃은 사람은 아이와 같을 수가 없습니다. 새로운 세포가 만들어지면서 형성되는 뇌가 아니기 때문입니다. 평생 무언가를 축적해온 뇌가 작아지고 하나씩 망가지는 과정에서 나타나는 이상 행동은 수정이 거의 불가능합니다. 또 부모가 말 안

듣는 아이와 같아진다고 해서 자식처럼 대할 수가 없기 때문에 치매 부모를 간병하는 자식들의 어려움은 더 커집니다. 말을 듣지 않는 아이가 되어버린 88세 엄마에게 큰 소리로 혼을 낼 수도, 상식 밖의 행동을 한다고 매를 들 수도 없습니다. 오히려 그런 대처는 부작용을 불러와 뇌를 더 망가뜨릴 뿐입니다.

저는 이런 현상이 뇌혈관성 치매를 앓고 있는 저희 엄마에게만 나타나는 것이 아님을 알게 됐습니다. 치매 어머니를 돌본 10여 명의 딸을 만나 인터뷰를 했는데 그 어머니들은 공통적으로 집착, 거부, 우울, 불면, 기억상실, 정서와 성격상의 문제, 혼돈 등의 증상을 보였습니다. 이 책에서는 각각을 키워드로 하여 열 가지 이야기로 풀어나갑니다. 제가 엄마를 관찰하며 남긴 기록, 이상 행동에 대처하면서 일어난 실수들, 그리고 인터뷰에 응한 딸들의 심정을 담담하게 정리하면서 엄마의 뇌에 질문을 던졌습니다. 뇌의 어디에 무슨 문제가 있어서 그러는 것인지를 '엄마의 뇌에 묻고 뇌과학으로 답하는' 형식입니다. 특히 뇌가 나이 들어가면서 벌어지는 여러 과정을 알기 쉽게 설명하고자 했습니다. 어쨌거나 우리는 모두 나이 들어가고 있고, 우리 뇌도 마찬가지니까요.

다큐멘터리 작가는 프로그램의 소재를 접할 때마다 그 분야를 열심히 공부해 체화한 상태에서 대중에게 잘 전달되도록 스토리텔링을 합니다. 오늘날에는 융합미디어 환경이 되면서 우리 뇌가 보고, 듣고, 느끼게 해줄 콘텐츠가 너무나 중요해졌습니다. 박사 과정으로 문화콘텐츠 기획을 공부했고, 두 번째 석사 과정에서 배운 뇌과학 쪽으로 출판 콘텐츠를 기획하게 된 건 저에게 매우 큰 행운입니다. 장학금 혜택을 받고 공부하게 해준 한국방송작가협회와 카이스트 과학저널리즘대학원에 감사의 말씀을 드립니다. 지도교수로서 방향을 잡아주신 카이스트 바이오·뇌공학과 정용 교수님, 정재승 대학원장님, 이광형 부총장님을 비롯한 여러 교수님들께도 감사드립니다. 특히 방송으로 인연을 맺은 미국의 노화학자 유병팔 교수님과 오랜 세월 저를 믿고 응원해주신 김진수 KBS 해설위원님께 특별히 감사드립니다.

제게 '엄마가 아닌 엄마'가 되어가는 모습은 94세이신 아버지께는 '아내가 아닌 아내'가 되어가는 모습일 겁니다. 아버지는 엄마와 함께 하신 65년 세월 중 가장 힘겨운 시간을 보내고 계십니다. 항상 엄마 곁을 지켜주고 계시는 아버지께도 감사드립니다. 늦도록 '공부' 오기를 부리는 아내를 이해하고 응원해준 남편과 딸에게도 감사의 마음을 전합니다.

치매 부모를 오랫동안 간병하면서 형제간에 오해와 서운함이 쌓여 다툼이 일어나기도 한다는 걸 인터뷰 과정에서 알게 됐습니다. 우리 형제들도 혹시나 이 책을 보고 오해하는 부분이 있지는 않을까 우려하는 마음에 한마디 덧붙입니다. 이 책은 50대 중반이 된 막내딸 입장에서 쓴 병간호 일기를 큰 줄기로 하고 있습니다. 제가 다 하지 못한 간병 체험에는 오빠와 올케, 두 언니가 모두 같이 했던 이야기가 포함되어 있습니다. 외람되지만, 막내로서 엄마가 우리 곁을 떠나시는 그날까지 힘내자고 형제들에게 말하고 싶습니다. 아직은 엄마가 우리 곁에 계시니까요.

이재우

차례

추천사 1 ··· 6

추천사 2 ··· 9

프롤로그 무너져가는 엄마의 뇌를 뇌과학으로 바라보다 ··· 12

1장 엄마의 뇌에 '나이 듦'을 묻다

젊음 그리고 늙어감에 대하여 ··· 25

엄마가 기억하는 딸 ··· 27 | 엄마가 된 딸, 딸에게 엄마는 ··· 30

엄마의 뇌가 말하는 나이 듦 ··· 35

혈관성 치매 환자의 뇌 기능 ··· 40 | 뉴런을 알면 뇌의 일생이 보인다 ··· 45 | 신경세포 간의 네트워크 ··· 46 | 신경세포와 뇌의 삶 ··· 49 | 기억과 감정을 만드는 뇌 이해하기 ··· 52

2장 엄마의 뇌에 '집착'을 묻다

닦고 또 닦고, 휴지 집착증 ··· 59

10분마다 화장실행, 알 수 없는 휴지 집착증 ··· 61 | 엄마, 왜 그런 행동을 하세요? ··· 63 | 화를 내거나 말려도 반복되는 이상 행동 ··· 64 | 밤마다 고물 주우러 나가는 어머니 ··· 65 | 이상 행동을 인정해주기 ··· 68

왜 화장실과 휴지에 집착할까 ··· 71

고장난 전두엽이 부른 BPSD ··· 74 | 사춘기 때처럼 불완전한 뇌 ··· 75 | 왜 충동적으로 나가 배회할까 ··· 77 | 배회증도 불안에서 오는 강박 장애다 ··· 79

3장 엄마의 뇌에 '거부'를 묻다

엄마를 나락으로 떨어뜨린 '치명적인 거부' … 85
막을 수 없는 사건 사고 … 88 | 엄마의 멈춰진 시간 … 92 | 엄마의 거부 3종 세트 … 95 | 노란색의 환희 '계란과 호박죽' … 99 | 식사를 거부하는 이유 … 101

뇌는 왜 거부할까 … 105
감각 처리에 오류가 생기다 … 110 | 뇌를 변화시킬 골든타임 … 112

4장 엄마의 뇌에 '분노'를 묻다

엄마가 분노할 때 … 121
수치심 vs 동작 동결 … 123 | 통제가 안 되는 감정 표출 … 125

이상 행동을 못 하게 하면 왜 분노할까 … 129
파국 반응을 일으키는 공포 감정과 뇌 … 131 | 편도체가 손상되면 어떤 일이 일어나나 … 132 | 성장기 전두엽과 편도체의 힘겨루기 … 134

5장 엄마의 뇌에 '불면'을 묻다

한밤중에 깨어나 잠 못 드는 이유 … 141
잠 못 이루는 밤의 이상 행동 … 142 | 환각이나 망상 증세는 어떻게 대처할까 … 143

수면 장애 발생의 메커니즘 … 146
잠자는 동안에도 생체 균형을 맞추는 뇌 … 147 | 황혼 증후군을 피하는 방법 … 150

6장 엄마의 뇌에 '우울'을 묻다

추풍 그리고 낙엽 … 155

행복을 꿈꾸던 낙엽의 회상 … 158 | 뇌를 손상시키는 우울증 … 160 | 치매가 우울을 일으키나, 우울증이 치매를 부르나 … 162

우울, 행복 호르몬의 상실 … 164

심리적 고통이 원죄 … 166 | 정서와 인지는 함께 가는 친구 … 169 | 정서의 뇌가 사고의 뇌를 움직인다 … 170

7장 엄마의 뇌에 '기억'을 묻다

'당신 누구세요?' 신드롬 … 177

엄마의 인사말, "오랜만이네!" … 180 | 엄마에게 집은 어떤 곳일까? … 184 | 고관절 수술 후 깜짝쇼, 기억의 회복 … 187 | 다시 깊어지는 우울증 … 188 | 엄마의 이쁜 짓, "땡큐 베리 머치" … 192

기억, 그 신비로운 세계 … 197

뇌에 저장되는 기억의 종류 … 198 | 기억력과 해마의 관계 … 199 | 기억이 만들어지는 경로 … 203 | 기억의 시작, 시냅스 … 205

8장 엄마의 뇌에 '정서'를 묻다

엄마의 기억 속 공포는 어떤 모습일까 … 211

좋은 기억, 나쁜 기억 … 214

감정 기억이 오래 남는 이유 … 218

좋은 감정 기억은 오래 남는다 … 223 | 뇌의 비상경보, 부정적인 감정 지우기 … 225

9장 **엄마의 뇌에 '혼돈'을 묻다**

엄마는 어디로 가고 있는 걸까 ··· 229

기쁨과 슬픔의 롤러코스터 ··· 232 | 엄마의 뇌, 혼돈에 빠지다 ··· 235 | 3평짜리 깜깜한 독방에 갇히다 ··· 237

미안해요, 그리고 고마워요 ··· 241

딸이 엄마의 진자리를 갈아줘야 할 때 ··· 242 | 엄마의 배변 타이밍을 맞춰라! ··· 243 | 배변 감각에 빨간불이 켜지다 ··· 246 | 엄마의 뇌는 난공불락 ··· 248 | 뇌의 네트워크는 모두 연결되어 있다 ··· 251

10장 **엄마의 뇌에 '성격'을 묻다**

뇌가 말하는 그녀의 성격 ··· 257

나이대별로 그려본 엄마의 뇌와 성격 ··· 258 | 육체 운동이 중요한 이유 ··· 259 | 치매에 걸린 뇌가 말하는 엄마의 기질 ··· 261 | 엄마의 뇌는 당신 자신이다 ··· 263 | 당신만의 뇌, 당신만의 패턴 ··· 264

뇌를 다치면 성격이 바뀐다 ··· 267

엄마와 작별하는 그 순간까지 잊지 말아야 할 것들 ··· 269

에필로그 늦기 전에 엄마에게 듣고 싶은 말 ··· 272

1장

엄마의 뇌에
'나이 듦'을 묻다

젊음 그리고 늙어감에 대하여

젊음

새뮤얼 울먼Samuel Ullman 지음, 유병팔 옮김

젊음이란 인생의 한때가 아니며,

장미색의 볼, 붉은 입술, 나긋나긋한 무릎도 아니다.

바로 마음의 상태다.

그것은 의욕 넘치는 기질, 풍부한 상상력, 활기찬 감정,

안락함보다 모험의 욕구로 허약을 이겨내는 용기이다.

나이만으로 오래 산다는 사람은 아무도 없다.

오로지 이상을 저버렸을 때 사람은 늙는다.

흘러가는 세월은 피부에 주름살을 만들지만

의욕을 잃으면 영혼에 주름이 잡힌다.

근심, 걱정, 의심, 불신, 겁, 절망 등은 오랜 세월에 걸쳐

우리를 고개 숙이게 하여 성장의 정력을 먼지로 만들어버린다.

열여섯이거나 일흔이거나 우리의 마음속에는

기적에 대한 동경, 하늘의 별들에 대한 호기심, 할 일에 대한 용감한 도전

닥쳐올 일들에 굴복하지 않는 천진난만한 욕망,

그리고 인생에 대한 기쁨이 있다.

당신은 품고 있는 신념만큼 젊고, 갖고 있는 회의심만큼 늙었다.

자신감만큼 젊고, 두려움만큼 늙었다.

당신의 소망만큼 젊고, 절망감만큼 늙었다.

만일 바깥세상과 단절되어 당신의 마음이 절망의 눈덩이로 덮이거나

냉소의 얼음에 싸여 있다면, 당신은 20대라 해도 참으로 늙은 것이다.

그렇지만 당신의 마음이 이 땅의 사람들이나 조물주로부터

아름다움, 환성, 용기, 위엄, 그리고 정력을 부여받고 있는 한

여든이라 해도 젊게 죽는다는 희망이 있다.

– 유병팔, 《125세 건강장수법》, 에디터, 2017

이 시를 읽다 보면 '나이 듦'은 누구나 한 번쯤 생각해봐야 하는 주제라는 생각이 듭니다. 젊음은 갔지만 젊게 죽고 싶다는 소망을 여전히 간직한 나이, 부모님이 바로 그 길에 서 있습니다. 늙는다는 것, 신체의 노화와 정신의 노화는 맞물려 굴러가는 톱니바퀴입니다. 우리는 누구나 뇌의 지령과 심장의 모터로 달려온 삶을 살고 있습니다. 뇌는 수많은 경험과 지식을 기억하고 인지하면서 깊은 사고력과 세상을 살아가는 지혜를 만들어냅니다. 그 뇌가 노화하면서 육신과 정신에 신호를 보냅니다. 그런데 우리는 그 신호를 너무 늦게 알아채는 것

은 아닐까요?

엄마가 가고 있는 길은 우리 모두에게도 예정되어 있는 길일지도 모릅니다. 엄마의 남은 생이 얼마나 될지 모르지만, 삶 앞에 겸허해집니다. 바람처럼 왔다가 바람처럼 가는 게 인생이라고 하듯이, 우리는 시작도 끝도 선택할 수 없이 왔다가 갈 뿐입니다.

노화학자인 유병팔 전 미국노화학회 회장은 연세가 여든 하고도 중반을 넘어선 나이에 책을 출판했습니다. 저희 엄마와 동갑이신 그 교수님은 자신의 평생 연구 과제가 늙어가는 인간의 몸, 젊게 살다 죽는 법이라고 하셨습니다. 의욕과 용기가 넘쳐나는 젊은 시절을 거쳐 늙어가는 과정을 겪으며 여든이 되셨겠지요. 주위를 둘러보면 100세를 넘으며 장수하는 사람이 많아지다 보니 젊게 죽는다는 것에 대한 성찰을 하셨던 것 같습니다. 새뮤얼 울먼의 시는 제게 '어디론가 멀어져가는 88세 엄마'의 생을 돌아보게 합니다.

엄마가 기억하는 딸

엄마가 침상에 누워있는 시간이 점차 길어졌습니다. 몸을 일으키거나 나가고 싶을 때 등 뭔가 요구사항이 생길 때면 제 이름을 부르십니다. 어느 날 엄마 집에 들렀을 때, 엄마가 부르는 소리를 듣고는 총알같이 들어가 깜짝쇼 하듯이 얼굴을 바짝 들이대고 애교를 피웠습니다. 운 좋게 한 번에 저를 알아보시는 날에는 마음에 해피 바이러스가 확 돌았죠. 하지만 시간이 지날수록 제 이름과 나이, 결혼은 했는지 안 했는지를 기억하지 못하는 시간이 많아졌습니다.

엄마의 뇌에서 제 얼굴이 가물가물해지던 그즈음에도 엄마는 저에 대한 이런 기억을 되뇌셨습니다. 대화 중 어떤 연관성도 없는 상황에서 불쑥 이렇게 얘기하곤 하십니다.

"그런데 '속으로 욕하고 반성한 딸'이 요즘 통 안 보인다. 속으로 욕하고 반성한 애 어디 갔나?"

엄마 뇌리에 박힌 '속으로 욕하고 반성했다'는 제가 초등학교 시절 일기를 마무리하던 문구입니다. 무려 45년 전 이야기죠. 당시 제 일기장을 몰래 엿본 엄마는 일기 끝에 항상 '욕하고 반성한다'라고 적혀 있던 게 인상적이었던 모양입니다. 상황과 상관없이 "속으로 욕하고 반성하는 애가 어디 있어" 하고 태엽 인형처럼 혼잣말을 반복하며 웃기도 하십니다. 그런 엄마 앞에서 쉰이 넘은 딸은 재롱을 부립니다.

딸: 엄마, 속으로 욕하는 것도 힘든데 반성까지 하니 얼마나 착해. 엄마 막내딸 재우 착하죠?

엄마: (왼쪽 입꼬리에 보조개가 드러나도록 활짝 웃음)

딸: 누구 닮아서 그렇게 착하겠어요? 엄마 닮았죠? 엄마가 양심밖에 없으시잖아요.

엄마: (민망해하며) 에이, 뭘….

엄마는 '양심밖에 없다'라는 말이 사람을 평가할 때 좋은 말이라는 걸 아셨습니다. 그래서 그런 말을 듣자 민망해하시는 거지요. 잊혀가는 기억 속에도 엄마의 뇌에 자리 잡은 성향, 성격은 오랫동안 남아 있는 것 같습니다. 칭찬하는 말에 표나게 좋아하는 건 엄마 성격이 아니거든요.

엄마에게 아픈 손가락은 아픔의 강도만큼 기억 저장고에 깊게 남아 있나 봅니다. 아들은 아들대로 살림살이 힘들다는 모습으로 기억하셨고, 막내딸은 몸은 약한데 늦게 결혼해 일과 육아로 휘청거리는 모습에 안쓰러운 모습으로 기억하셨죠. 그래서 아이를 돌봐주지 못한 미안함을 늘 간직하고 계십니다. 또 큰딸은 고된 결혼 생활에 절망하는 순간에도 삶을 붙잡아준 존재로 남은 듯했습니다. 둘째 딸은 가장 가까이에 살면서 엄마를 보러 자주 오는 딸이지만, 큰 걱정과 심려를 끼친 자식이 아니어선지 엄마의 뇌에서도 무색무취인 듯했습니다. 다른 자식보다 둘째에 대한 기억이 먼저 가물가물하셨으니까요. 그럼에도 둘째 딸을 낯선 얼굴처럼 바라보다가 금세 편안함을 느끼신다는 게 신기했죠. 우리 형제는 엄마를 이렇게 기억합니다.

자신만만한 분

열심히 사신 분

현모양처

걱정 많고 헌신적인 분

자식들의 피난처가 되어주신 분

엄마가 된 딸, 딸에게 엄마는

1남 3녀 중 막내딸인 저는 쉰네 살, 뇌혈관성 치매와 파킨슨병 2기 진단을 받은 엄마는 만으로 여든여덟 살이 되셨습니다. 엄마가 막내인 저를 낳으셨을 때가 서른다섯 살, 저는 그 나이에 결혼을 했고 딸을 낳은 건 서른일곱 살 때이니 저도 엄마와 엇비슷한 나이에 엄마가 됐습니다. 엄마는 이미 1남 2녀를 두셨는데 막둥이로 아들을 낳으려다 저를 낳았다는 이야기를 몇 번이나 하셨습니다.

100세 시대라고 하지요. 주변 친구나 지인들의 가족을 둘러봐도 80이 훌쩍 넘은 노부모님이 건강하게 살고 계시거나, 노환으로 간병을 받을지라도 자식들 곁에 살아계시는 것이 더는 특별한 일이 아닙니다. 이 글을 쓰면서 《세상에 이런 가족: 웃기거나 짠하거나》를 읽었는데, 오늘날의 고령화 사회에서 엄마와 딸이 어떻게 '나이 듦' 앞에 마주 서게 되는지를 실감 나게 보여주는 책입니다. 외할머니와 친할머니를 나란히 돌보는 가정의 손녀가 블로그에 치매 할머니 두 분의 이야기, 그리고 친정어머니와 시어머니를 모시는 엄마의 수고로움을 그림과 함께 비교적 유쾌하게 풀어낸 이야기입니다.

50대 정도는 예사이고, 칠십 넘은 딸이 노부모를 돌보는 일도 이제 낯설지 않은 풍경이 됐습니다. 100세 가까운 엄마는 자녀가 70살이 넘었어도 차 조심하라는 말을 잊지 않으시겠지요. 《어른이 되었어도 너는 내 딸이니까》라는 가족동화 제목처럼 부모님 눈에는 자식이 영원히 어린아이 같아 보이는 법입니다. 딸이 엄마가 되고 할머니가 되도록 엄마의 사랑을 받고 싶어 하는 마음 역시 어쩔 수 없는 본능일지도 모릅니다. 엄마는 저에게 영원한 정신적 지주니까요. 적어도 미수米壽의 엄마가 치매 진단을 받기 전까지는 저도 그랬습니다.

세상에 모든 딸은 엄마가 되고, 그 엄마는 할머니가 됩니다. 요즘에는 싱글족이 늘어나면서 결혼과 출산이 인생의 필수 코스가 아니게 됐지만, 엄마와 딸의 관계는 세대를 이어 탄생하는 여자의 숙명 같은 관계입니다. 당연하고 특별할 것 없어 보이는 이 사실을 저는 여러 번 곱씹어봅니다.

언젠가 읽었던 엘리자베스 M. 토마스의 소설 《세상의 모든 딸들》에서 주인공의 어머니가 죽기 전에 딸에게 남긴 말이 생각납니다.

사람은 이렇게 살고, 이렇게 죽는 거야, 세상의 모든 딸들이 나처럼 그렇게 살아왔어. 아이를 낳고, 호랑이를 따르는 까마귀처럼 남편을 따르고, 그렇게 살다가…. 너는 내 딸이다. 그리고 언젠가는 너도 어머니가 되겠지. 세상의 모든 딸들이 결국 이 세상 모든 이의 어머니가 되는 것처럼…. 남자가 고기를 지배하고 오두막을 지배해서 여자보다 월등히 위대한 것 같지만, 사실은 그렇지 않아. 남자가 위대하다면 여자는 거룩하단다. 왜냐하면 세상의 모든 딸들이야말로 이 세상 모든 사람의 어머니이기 때문이지.

책에서처럼 엄마가 멋진 말을 해주지는 않았지만, 엄마는 삶 자체로 보여주셨습니다.

호랑이를 따르는 까마귀처럼 남편을 따랐던 엄마였습니다.
너는 내 딸이라며 항상 울타리가 되어주었던 엄마였습니다.

한 사람의 어머니로서 부끄럽지 않은 삶! 그보다 숭고한 가치가 있을까요? 그런 삶을 살아가는 데 필요한 모든 것, 선천적이거나 후천적인 것과 보이거나 보이지 않는 것들을 엄마한테 물려받은 저도 부끄럽지 않은 삶을 살고 있는 걸까요? 참으로 회한이 밀려오는 질문입니다. 가족 대신 희생하는 엄마의 모습이었죠. 그것이 엄마의 뇌가 자식에게 보여준 엄마의 삶이었습니다. 80여 년을 살면서 경험하고 학습하고 느낀 모든 것이 뇌에서 '박정희'라는 사람을 만들었을 겁니다. 저 역시 엄마 품 안에서 보고 익힌 습관이 이후 사회에서 얻은 경험 및 지식과 어우러져 제 뇌에 몸과 영혼이라는 이름으로 새겨져 있겠죠.

엄마는 정량의 식사만 하시고 간식을 드시지 않는 성격이라 평생 마른 체형을 유지하셨습니다. 60대 이후부터는 콜레스테롤 수치가 높다고 오징어나 새우 등을 안 먹으려고 노력하셨죠. 콜레스테롤이 들어간 음식을 스스로 자제하셨습니다. 저는 아이를 낳고 살이 오르긴 했어도 평생 크게 비만을 걱정하지 않고 살았는데, 다만 콜레스테롤 수치가 높은 건 선천적으로 엄마를 닮았다고 생각했습니다. 체질이 닮은 것은 유전적, 즉 선천적인 영향이니 말입니다. 그런데 사실 엄마와 뼛속 깊이 닮은 점은 삶을 대하는 태도가 아닐까 싶습니다. 자라면서 정서적으로 심리적으로 대물림되는 '여자로써, 엄마로써의 딸'도 닮아있는 걸 문득문득 느낍니다. 뇌 과학으로 엄마의 치매를 알게 되면서 정신적·심리적으로 닮아가는 후천성이 얼마나 큰 영향을 미치는지 더욱 절실하게 깨달았습니다. 엄마가 평생 보여준 삶의 태도와 습관, 성격과 감정의 표현들은 현재 방송작가 이재우를 만드는 데 아주 큰 영향을 미쳤을 겁니다.

이 책을 쓴다고 해서 엄마가 살아온 지난 80여 년을 모두 알 수도, 기억할 수도 없습니다. '뇌와 그 여자, 엄마'를 온전히 파악할 수는 없었습니다. 그래도 조심스럽게 엄마의 뇌 지도를 들여다보기로 했습니다. 뇌 지도에서 하나씩 지워져 가는 것들을 들춰보기로 한 것입니다.

보건복지부에 따르면 국내 치매 환자가 76만 명이라고 합니다. 65세 인구 10명 중 1명, 80세 이상은 4명 중 1명이 치매이며, 10분에 1명씩 치매 환자가 생기고 있습니다. 저희 엄마도 늘어나는 치매 인구에 속하게 됐습니다. 치매에는 여러 가지 병명이 있고 증세와 병인이 조금씩 다르지만, 많은 보호자를 당황하게 하는 공통적인 증세들이 있습니다. 이를 파악하기 위해 저는 딸 입장에서 치매 어머니를 간병하고 있거나 5년 이상 간병하다가 요양원으로 모신 딸들을 인터뷰했습니다. 이제 80여 년 동안 엄마의 정서와 인지, 성격을 만들어낸 엄마의 뇌를 찬찬히 살펴보려 합니다.

엄마의 뇌가 말하는 나이 듦

엄마의 뇌는 깜박이는 점멸등

언제 블랙아웃이 될지는 아무도 모른다.

블랙아웃이 되는 날은 엄마와 작별하는 날.

뇌 안에서 무슨 일이 벌어지고 있는지

쥐도 새도 모르게 엄마의 뇌를 침범한

적들의 정체는 무엇일까?

88년 동안 엄마를 엄마이게 해준 뇌

엄마를 움직이게 하는

엄마를 웃게 하고 울게 하는

엄마를 지혜롭게 하는

엄마를 꼿꼿하게 지켜준 그 무엇.

모두를 관장해온 엄마의 뇌는 지금 많이 아프다.

뇌세포들이 낡고 해지고 상처받아 신음하고 있다.

웃지도, 울지도, 움직이지도, 지혜롭지도 못한 뇌

뇌신경세포들이 하나씩 활동을 멈추어가고 있는 걸까?

1.4킬로그램의 뇌에서는 1000억 개의 세포가

평생 신호를 만든다.

기쁨과 슬픔의 신호

자식 일에는 의욕이 남다른 신호

쥐꼬리 월급에 재테크를 열심히 하는 알뜰 신호

모든 이성과 감성의 신호들이 모여 엄마가 됐다.

그 신호들이 축적된 대뇌 피질 속 해마는

점점 피폐해져 가고 있다.

기억의 소실, 감정의 파국

엄마의 뇌는 지금 접촉 불량 상태

어쩌다 자식 걱정하는 엄마로 돌아온 날은 접촉 양호

집에 간다고, 밥 안 먹는다고 떼를 쓸 때는 접촉 불량

기억이 들어오고 나가는 길이 상처로 얼룩졌나 보다.

어제 본 딸은 모르고,

40년 전 딸에 얽힌 일화는 무한 반복하는 엄마.

엄마의 뇌는 길을 잃었다.

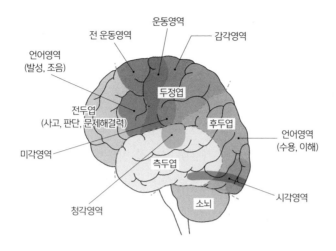

뉴런들의 네트워크인 뇌. 뇌를 통해 얻은 기억, 감각, 감정, 운동에 필요한 작업은
신경세포들이 처리한다.[1]

엄마가 치매라는 사실은 2016년 연세대학교 세브란스병원 신경
과 허경 선생님의 진단으로 알게 됐습니다. 2014년에 진단받은 허혈
성 뇌혈관 질환이 원인이라고 했습니다. 인과관계를 명확하게 설명
할 수는 없지만, 허혈성 뇌혈관 질환이 생긴 이유는 두 가지로 추정할
수 있습니다. 지병인 부정맥이라는 심장 질환으로 빈맥(1분간 맥박수가
100 이상)과 서맥(1분간 맥박수가 60 이하)을 오가면서 몇 차례 응급실행
을 반복한 게 원인일 수 있고, 노인성 우울증으로 오랫동안 지속돼온
두통과 불면증도 뇌 건강을 해친 주요 원인일 수 있습니다.

우리 몸에는 220가지가 넘는 세포가 있는데, 그중 뇌세포가 노화에
가장 민감하다고 합니다. 노화에 민감하다는 것은 뇌가 산화 스트레

스에 특히 약하다는 거죠. 산화 스트레스는 뇌신경 기능에 절대적으로 필요한 도파민^{dopamine}이나 아세틸콜린^{acetylcholine} 같은 신경전달물질까지도 파괴합니다.[2]

뇌혈관은 뇌에 엄청난 양의 산소를 공급하는 길입니다. 여기에 관여하는 혈관에는 약 100억 개의 세포가 뻗어 있습니다. 흔히 알고 있는 뇌경색이나 뇌졸중처럼 사람이 쓰러질 정도로 뇌혈관이 경색되거나 혈전으로 인한 막힘 현상이 두드러지지 않더라도, 미세하게 혈전이 생겨서 뇌세포를 손상시키는 경우도 뇌혈관성 치매의 원인이 됩니다.

중앙치매센터 자료에 따르면 전체 치매의 50~60%를 차지하는 알츠하이머성 치매와 혈액 순환이 잘 되지 않아 뇌 기능이 떨어지는 혈관성 치매는 20~30%, 그다음은 단백질 덩어리인 루이소체라는 물질이 대뇌피질에 쌓이는 루이소체 치매인데요. 이 외에 뇌 기능의 문제로 발생하는 뇌 질환이 파킨슨병입니다. 알츠하이머성 치매와 뇌혈관성 치매가 가장 많습니다.

엄마는 뇌혈관성 치매 진단 후 3년째에 파킨슨병 진단을 받았습니다.

엄마의 경우는 두세 차례 길거리에서 주저앉듯이 쓰러지는 경험이 있었고, 두통을 호소하곤 했다는 점에서 비교적 단기간에 경증 뇌졸중 증세를 보인 것으로 추정됩니다. 이처럼 24시간 이내에 증상이 없어지지는 않지만, 비교적 짧은 시간에 회복되는 경우를 '경증 뇌줄중 RIND, Reversible Ischemic Neurological Deficit'이라고 합니다. 미국 뇌줄중 공동위원회는 "증상의 지속이 24시간을 넘지만 3주 이내에 회복되는 상태"로 정의합니다. 치료는 일반적으로 뇌경색 치료에 준하여 받으며, 재발과 뇌경색을 예방하기 위해 적은 용량의 아스피린을 복용하도록 하고 있습니다.

뇌줄중 또는 뇌출혈이 발생한 후 기억력이나 인지 기능이 떨어지는 것을 통상적으로 '혈관성 치매vascular dementia'라고 합니다. 엄마는 뇌줄중이나 뇌출혈에 의한 치매는 아닙니다. 서울아산병원 질환백과에 따르면 소혈관 질환에서는 마비 또는 발음 장애, 의식 저하 등의 증상이 나타난다고 합니다. 엄마는 이런 증세가 실제 나타난 적은 없지만 뇌 영상검사에서는 뇌실질(뇌 자체)의 허혈성 변화를 보였습니다. 엄마의 뇌혈관성 치매는 뇌혈관의 손상 때문에 생긴 것으로, 인지 장애를 동반하고 뇌 손상으로 신경계에 이상 소견이 있었습니다. 이는 CT와 MRI로 확인됐습니다.

혈관성 치매의 증상은 일반적으로 뇌의 노화로 생기는 알츠하이머성 치매와 유사합니다. 보통 혈관성 치매는 알츠하이머성 치매보다는 초기부터 언어 기능 장애와 인지 장애가 나타나는 특징이 있습니다. 기억력 감소는 알츠하이머병에 비해 심하지는 않지만, 저장된 기억을 불러내는 기능이 떨어집니다. 힌트를 주면 기억을 끄집어내는 정도의 증세가 초기에 나타납니다.

뇌의 작은 동맥이 좁아져 혈액 공급량이 줄어들면 넓은 부위의 뇌 조직이 허혈성 손상을 입게 됩니다. 주로 대뇌 피질 아래쪽에 있는 피질하 부위에 손상을 많이 받게 되는데, 이런 경우를 '피질하 혈관성 치매'라고 합니다. 만성 허혈성 뇌 손상의 대표적인 위험 요인으로 고혈압, 흡연, 심근경색, 심방세동[AF, Atrial fibrillation](심방이 불규칙적이고 가늘게 빠른 속도로 떨게 되는 병), 고콜레스테롤 혈증, 운동 부족으로 꼽습니다.[3] 엄마의 경우는 이 중 심방세동과 고콜레스테롤 혈증, 운동 부족이 원인일 것으로 보입니다.

> **▶ 허혈성 뇌혈관 질환이란?**
>
> 뇌혈관 질환의 증상은 우선 침범된 뇌혈관이 어떤 것이냐에 따라서 달라진다. 그 혈관으로 혈액을 공급받는 국소 뇌 조직의 기능 장애로 증상이 나타나기 때문이다. 흔히 경동맥 영역에서 생기는 뇌졸중은 운동-감각계에 장애를 일으키지만, 허혈성 뇌혈관 질환에는 뇌혈전증, 뇌색전증, 일과성 허혈발작, 열공성 뇌졸중 등으로 다양하게 분류된다.[4]

혈관성 치매 환자의 뇌 기능

▶ 전두엽 기능 저하

• 인지 기능 장애

- 추상적인 사고나 복잡한 문제를 해결하는 데 어려움을 겪음

- 상황 변화에 따른 적응력이 저하되고, 일련의 행동 수행 능력이 떨어짐

• 정서 기능 장애

– 무의욕, 무관심, 무감동의 상태를 보임

– 감정 기복이 심해짐

– 우울증을 호소

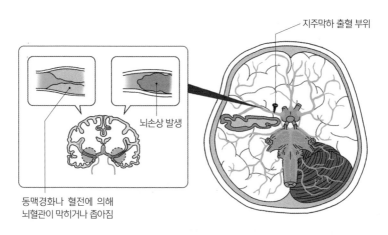

지주막하 출혈 부위

뇌손상 발생

동맥경화나 혈전에 의해
뇌혈관이 막히거나 좁아짐

혈관성 치매 환자의 뇌. 오른쪽 그림의 '지주막하 출혈 부위'에서 혈관이 꽈리처럼 부풀어
오르는 뇌동맥류가 잘 생긴다. 이것이 혈관성 치매 중 다발성 경색 치매의 원인이 된다.[5]

치매는 암과 함께 우리 모두가 가장 두려워하는 양대 질환이 됐습
니다. 치매는 어떻게 생기며, 뇌에서는 어떤 변화를 일으키는 걸까
요? 뇌의 자연스러운 노화 과정에서 나타나는 치매는 알츠하이머성
치매입니다. 알츠하이머성 치매는 아밀로이드 베타라는 단백질이 뇌
에 과도하게 쌓여서 생기는 것으로 알려져 있습니다. 아밀로이드 베
타는 뇌에 독성을 나타내 신경세포의 신호 전달에 문제를 일으키는데

요. 치매에 걸린 뇌 조직에서 특징적으로 관찰되는 것으로, 하나는 아밀로이드 베타가 뭉쳐진 하나의 덩어리가 '노인반'이라는 걸 형성하고, 다른 하나는 죽은 신경세포의 잔재인 '신경섬유 덩어리'가 됩니다. 정상적인 신경세포에는 골격 역할을 하는 '미세소관'이 있는데 세포 안에서 물질의 운반을 담당하는 타우 단백질이 변성되어 미세소관에 떨어지면 신경섬유 다발을 만들게 되고, 결국은 세포를 죽게 합니다.[6]

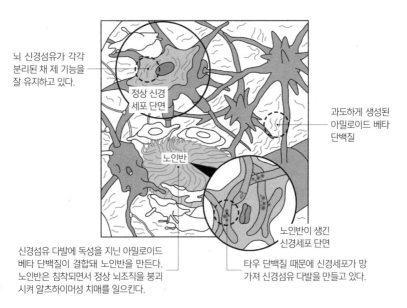

뇌 신경섬유가 각각 분리된 채 제 기능을 잘 유지하고 있다.

정상 신경 세포 단면

과도하게 생성된 아밀로이드 베타 단백질

노인반

노인반이 생긴 신경세포 단면

신경섬유 다발에 독성을 지닌 아밀로이드 베타 단백질이 결합돼 노인반을 만든다. 노인반은 침착되면서 정상 뇌조직을 붕괴시켜 알츠하이머성 치매를 일으킨다.

타우 단백질 때문에 신경세포가 망가져 신경섬유 다발을 만들고 있다.

알츠하이머성 치매환자의 뇌 변화[7]

이렇듯 뇌세포를 죽이거나 망가뜨리는 아밀로이드 베타는 해마부터 시작해 전두엽(이마엽)·후두엽(뒤통수엽)·두정엽 등 뇌 전반에 걸쳐 쌓입니다. 그러면 해당 부위의 뇌 기능이 떨어져 점점 더 많은 증상이 나타나게 되죠. 일반적으로 뇌가 노화하면서 대뇌 피질(겉질) 안 해마의 기능이 떨어지는 치매가 알츠하이머성 치매이고, 뇌의 기저핵(바닥핵) 부위에 병변이 일어나 운동 조절이 안 되는 것을 파킨슨병이라고 합니다. 파킨슨병은 주로 손이 떨리고 움직임이 느려지며 몸이 뻣뻣해지는 병으로, 점점 진행되면 파킨슨성 치매 증세도 나타납니다.

우리 뇌는 다양한 부위가 다양한 기능을 하면서 발달합니다. 감각을 담당하는 부위, 운동을 담당하는 부위, 언어를 담당하는 부위, 기억을 담당하는 부위 등으로 나뉘며 각기 맡은 역할을 충실이 할 때 뇌 기능이 제대로 작동됩니다. 여기서 주목할 점은 부위별 기능이 개별적으로 작동하는 것이 아니라 네트워크로 연결되면서 각자의 역할을 한다는 점입니다. 그뿐 아니라 어떤 감각 정보가 들어왔을 때 어떤 행동으로 이어지기까지는 뇌가 전기신호를 받아들여 출력하는 과정이 단계별로 진행되는데요. 입력은 뒷부분에서 담당하고 출력은 앞부분에서 합니다. 즉 시각과 촉각 같은 감각 정보는 모두 중심 고랑 뒤쪽에서 받아들이고, 중추신경계에서 통합적으로 정보를 분석한 후에 운동계로 적절하게 신호를 보내는 구조입니다.

뇌 부위마다의 기능을 이해하면 어떤 부위가 망가졌을 때 어떤 증세로 나타나는지를 이해하기 쉬워집니다. 부위마다 자신이 맡은 몸의 영역을 지배하거나 그로부터 감각을 받으면서 일대일로 몸의 움직임을 관장합니다. 예를 들어 손가락을 담당하는 뇌의 영역이 망가지면 손가락에 힘이 빠지거나 손끝이 저리는 등 감각 이상이 생깁니다. 대뇌 피질에서 각각 관장하는 인체 부위에 따라 그 면적 그대로 인체를 재구성하면, 결국 우리와 같은 인간의 모습이 나오는 것입니다.

손상된 뇌 부위가 맡은 역할을 하지 못하면 다양한 뇌질환이 발생합니다. 첫째, 전두엽은 몸을 움직이고 말을 하도록 하는 기능, 계획을 수립하고 적절히 실행하는 기능, 감정을 조절하고 기억을 입력하고 인출하는 데 관여합니다. 논리적인 사고와 이성적인 의사결정을 하는 역할까지 하므로 생각하고, 판단하고, 행동하는 데 핵심적인 부위입니다. 대표적으로 주의력결핍과 과잉행동 장애를 일으키는 ADHD가 있는데, 전전두엽이 활성화되지 못해서 나타나는 뇌질환 중 하나입니다.

둘째, 측두엽은 외부의 정보를 받아들여 사물이나 사람을 인식하고 기억이나 지식을 저장하는 데 관여합니다. 언어를 이해하고 말을 하는 기능도 하죠. 알츠하이머성 치매가 언어 장애 증세를 보이는 이유는 측두엽 쪽의 뇌 손상이 생겼기 때문입니다.

셋째, 해마는 기억에 관여하는 뇌의 핵심 부위입니다. 새로운 사실을 학습하고, 단기적으로 기억하고, 이것을 대뇌 피질로 보내 장기기억으로 저장하거나 삭제하는 일을 합니다. 치매의 공통적인 증세는 기억력 장애인데요, 바로 해마에 손상이 온 결과입니다.

넷째, 편도체는 공포, 감정 조절, 학습 및 자기 조절 학습, 기억에 관여합니다. 정서 기억을 저장하고 회상하는 곳이죠. 해마 앞에 있는 아몬드 모양의 부위입니다. 치매 환자들이 느끼는 공포와 두려움이 정상인보다 훨씬 폭력적으로 나타나는 이유도 편도체와 관련이 있습니다. 공포를 경험한 후 시간이 지나도 계속 생각나는 것은 편도체의 기억이 활성화돼서인데 이것이 '외상 후 스트레스 장애'에 해당합니다.

다섯째, 두정엽은 전신의 피부와 근육 감각을 인지하고, 시공간을 파악하는 기능을 합니다. 치매 환자들이 시공간을 잊으면서 일으키는 혼란 증세는 두정엽 부위의 뇌세포 손상이나 신호 전달 체계의 문제가 생겨서 나타날 수 있습니다.

뉴런을 알면 뇌의 일생이 보인다

결국 뇌신경세포, 즉 뉴런이 손상되어 나타나는 치매의 대표적인 증상은 기억력 퇴화입니다. 뇌의 어떤 부위가 손상됐느냐에 따라 그 증상은 다양하게 나타나는데요, 뇌의 기능적 차이는 부위마다 연결되어 나타납니다. 예를 들어 후두엽에서 시각 정보를 처리하는 이유는 눈에서 온 신경섬유가 거기까지 연결되어 있기 때문입니다. 신경세포의 네트워크는 엄청나게 정교합니다. 뇌세포가 가장 폭발적으로 늘어나는 시기는 두 살까지이고, 사춘기 때가 되면 가지를 줄이면서 네트워크가 정리됩니다. 뇌 기능이 최고조에 달하는 나이는 20대라고 생각하기 쉬운데, 실제로는 중년일 때 뇌 기능이 더 좋다고 합니다. 그래서 전두엽은 생각보다 더 느리게 완성되고, 천천히 나빠지는 구역이기도 하죠. 뇌 안의 수많은 신경세포가 얼마나 다양한 정보를 처리하고, 신경세포 간의 신경 연결 부위와 연결망이 얼마나 건실한가는 뇌가 제대로 작동하는 데 가장 중요한 조건입니다.

신경세포 간의 네트워크

신경세포 간의 경계는 나이가 들수록 약해지는 경향이 있는데, 서로 다른 부위들의 연결이 강해지기 때문입니다. 세포 단위들의 구분이 약해지는 정도는 곧 인지 능력의 저하와도 깊은 관계가 있습니다. 서로 긴밀하게 협력하는 사람 사이에도 적당한 거리가 필요하듯이 신경세포 사이에도 그런 거리가 필요합니다.

저희 엄마가 시각적으로 보는 것과 아는 것 그리고 말로 표현하는 것은 다를 수 있는데요. 기억이 흩어지고 모이는 과정을 들여다보면 왜 그런지 알 수 있습니다. 뇌신경세포 간의 연결과 분절, 정보 전달의 오류 등 여러 기능이 복합적으로 이뤄지기 때문입니다. 예를 들어 한날한시에 똑같은 사과를 먹더라도 우리에게 전해지는 정보는 사과의 겉모습인 시각 정보와 사과를 씹을 때 나는 청각 정보, 맛(미각), 향기(후각) 등 다양한 감각이 있습니다. 시각 중추는 사과의 겉모습만 봅니다. 마찬가지로 청각 중추는 소리만 듣고, 후각 중추는 냄새만 맡는데 이 정보가 정보 전달 루트를 따라 전두엽에 모이면 해마에서 사과에 대한 기억까지 불러올 수 있게 됩니다. 전두엽에서는 내가 언젠가 '먹었던 사과', '1년 전의 사과'뿐만 아니라 '뉴턴의 사과'라는 개념의 기억까지 연결하는 일을 합니다.

제가 엄마를 뵈었을 때를 또 예로 들어보겠습니다. 엄마는 제 모습을 보고 시각 정보를 받아들입니다. 그리고 제가 "엄마, 잘 있었어?", "엄마, 약 먹자"라고 하면 시각 정보를 받아들이죠. 이런 정보가 각 감각 중추를 타고 올라가 전두엽에 모이면, 해마에서 '막내딸, 이름 재우, 어릴 때 속으로 욕하고 반성한다고 일기를 쓰던 아이, 늦게까지 결혼 안 해 속 썩이던 딸' 식으로 기억들이 연결되어야 합니다. 그런데 엄마는 정보를 연결해서 분석해야 할 전두엽이 고장 난 것입니다. 언뜻 들어오는 시각 정보로 "누구세요?"라고 반응하다가, 청각 정보로 "엄마, 나예요. 막내딸!" 하는 소리를 반복해서 들으면 서서히 딸로 인지합니다. 그러나 어떤 성격의 딸인지, 결혼은 했는지 안 했는지 등 다른 정보를 불러와 통합적으로 인지하지는 못합니다. 뇌로 들어오는 정보가 처리되는 과정 중 미세한 신경세포 간의 교류가 어디서 끊겼고, 어느 부분이 연결되고 있으며, 어디서 혼선을 빚는지는 알 수 없습니다.

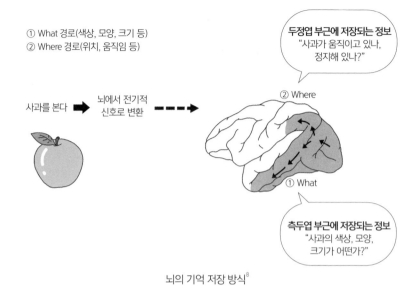

뇌의 기억 저장 방식[8]

뇌에는 수많은 신경세포가 있습니다. 이 신경세포들이 기억, 감각, 감정, 운동에 필요한 작업을 처리하죠. 신경세포들은 다른 기능을 하는 부위와 정교하게 연결되어 있습니다. 연결이 너무 많아서 마치 솜 뭉치처럼 보일 정도입니다. 뇌 부위의 기능이 결정되는 데는 신경세포 각각의 특징뿐 아니라 신경세포들이 어떻게 연결되어 있는지가 더 중요합니다. 예를 들어 어떤 자극이 들어왔을 때 대뇌 피질에서는 신경세포의 7~10%가량이, 해마에서는 신경세포의 1~2%가량이 활성화되도록 구성되어 있습니다. 그런데 해마는 하나의 자극에 소수의 신경세포만 반응하도록 만들어졌다고 합니다. 다양한 사건들을 구분해서 기억하는 데 유리한 구조를 가졌다고 볼 수 있습니다.

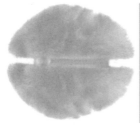

뇌 안 신경세포들의 연결망[9]

신경세포와 뇌의 삶

신경세포의 세 가지 특징을 알면 뇌의 삶이 보입니다. 감각계와 중추신경계에서 받은 정보를 통합해서 운동계로 보내 사고하고 행동하게 하는 삶이죠. 이런 뇌의 삶은 신경세포 하나에서도 똑같이 이루어집니다. 신경세포 안에서 이뤄지는 자극과 정보의 입·출력 과정을 들여다볼까요?

신경세포 하나에 뇌의 삶이 담기기 위해서 세 가지 조건이 필요합니다. 첫째는 정보와 자극의 신호가 일으키는 활동전위의 흥분성, 둘째는 신호를 멀리까지 전달하는 축삭돌기와 이를 유지하기 위한 미세소관, 말이집 등의 구조, 마지막은 세포막 너머 다른 신경세포에 신호를 전달하기 위한 신경전달물질과 수용체 그리고 시냅스입니다.

여기서 주목할 점은 모든 신경세포가 몸 구석구석까지 신호를 잘 전달하기 위해 전기 자극을 사용한다는 점입니다. 세포체에서 만들어진 전기신호는 축삭돌기를 따라 길게는 1미터를 넘는 곳까지 먼 길을 떠나는데, 생각보다 속도가 빠르지 않습니다. 신경세포에서 흐르는 전기는 전자가 아니라 전하를 가진 이온들로 만들어지기 때문입니다. 빠를 때는 1초에 100미터, 느릴 때는 1초에 수 미터가 고작이지만 이 속도로도 충분히 우리 몸 구석구석까지 신호들을 전달할 수 있다고 합니다. 결국 외부 정보를 느끼기 위해서는 빛, 소리, 맛, 촉감 등의 정보를 전기신호로 바꾼 다음에 처리하는 과정을 거쳐야 합니다.

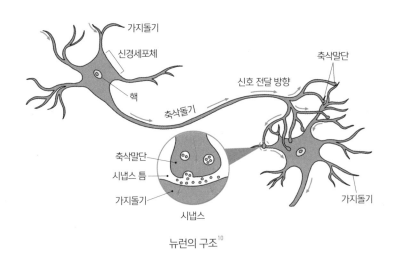

뉴런의 구조[10]

- **뉴런(세포)**: 뇌, 척수, 감각 세포들을 포함한 중추 및 말초신경계에 있으며 전기신호를 써서 다른 세포들과 소통한다.
- **축삭돌기**: 뉴런의 돌출부, 세포 본체에서 자신의 말단으로 전기신호를 전달한다.
- **수상돌기**: 뉴런의 돌출부, 다른 뉴런들에서 방출된 신경전달물질에 의해 발생한 전기신호를 세포 본체로 전달한다.
- **시냅스**: 한 뉴런의 축삭돌기와 다른 뉴런의 수상돌기 사이에 있는 틈을 말한다. 시냅스에서 뉴런 간 소통은 신경전달물질을 방출함으로써 이루어진다.
- **신경전달물질**: 한 뉴런이 다른 뉴런을 향해 방출하는 화학물질이다. 뇌, 척수, 온몸의 중추 및 말초신경계에서 발견된다.
- **활동 전위**: 세포나 조직이 활동할 때 일어나는 전압 변화를 말한다. 세포막에 존재하는 나트륨·칼륨 등은 이온 펌프 활동을 통해 세포 안팎 이온 조성의 차이를 지속시킨다. 세포막에 양전위가 일어날 때를 활동 전위라고 하며, 축삭돌기 말단에서 신경전달물질을 방출한다.

* 출처: 네이버 백과사전

그림에서 보듯이 세포의 축삭돌기와 다른 세포의 수상돌기 간 틈을 시냅스라고 하는데, 뉴런에서 내보내는 신경신호를 전달하는 아주 중요한 부분입니다. 시냅스 전 신경세포(축삭돌기)와 시냅스 후 신경세포(수상돌기)의 세포막 사이 시냅스 틈새는 폭이 약 20nm(nanometer, 10억 분의 1미터) 정도로 상상조차 하기 어려울 만큼 미세합니다. 신경전달물질이 시냅스 전 신경세포에서 시냅스 후 신경세포로 가는 속도는 2ms(millisecond, 1000분의 1초) 이내일 만큼 아주 빠릅니다.

각각의 뉴런은 시냅스를 통해 다른 뉴런과 연결되는 매우 복잡하고 고도로 개별화된 구조의 연결망을 가지고 있습니다. 신경을 자주 사용하면 강해지고 그렇지 않은 경우에는 약해지는 등 연결 형태는 시간에 따라서 변합니다. 이런 독특한 성질이 있기에 질병이나 손상으로 연결 부위가 영향을 받으면 심각한 증상을 일으키는 것입니다. 뇌의 손상 부위와 정도에 따라 증세가 다양하게 나타나는 이유이기도 합니다. 뉴런이 재생되더라도 모든 연결 부위가 재생되는 것은 아니기 때문입니다. 뉴런은 재생이 느린 데다, 초기에는 방향성을 잃고 마구잡이로 재생될 수도 있다고 합니다.

치매를 앓고 있는 뇌질환 환자에 대한 치료 방법 중 하나는 약해진 신경세포 간의 연결 부위를 강화하거나, 손상된 부위의 세포를 재생시키고자 노력하는 것입니다. 각 지방자치단체의 치매센터에서 인지 훈련 프로그램들을 제공하는데요. 이 역시 신경세포의 가소성, 즉 뇌의 가소성 원리를 이용해 뇌과학적으로 검증된 뇌 기능 재생 훈련입니다. 뇌질환의 진행 정도에 따라 뇌세포 손상을 막고, 어느 정도 기능을 유지해주는 효과가 있습니다. 그러므로 치매는 조기 발견과 진단이 매우 중요합니다.

기억과 감정을 만드는 뇌 이해하기

뇌는 파충류와 포유류, 그리고 인간에 이르기까지 진화해왔습니다. 이는 1960년대 미국의 신경과학자 폴 매클린^{Paul Maclean}이 처음으로 제

시한 '3단계 뇌 진화 개념'입니다.[11]

뇌의 진화 1단계에 있는 파충류의 뇌는 본능적 요소, 즉 호흡이나 심장박동, 체온 조절 등 생존에 필요한 것들만 기능을 합니다. 파충류의 뇌만 있어도 살 수는 있습니다. 그러나 대뇌 피질과 둘레계통(대뇌변연계)이 생기면서 우리는 기억을 하고 감정을 느끼게 됐습니다. '지금 내가 무엇을 해야 하나?', '하고 싶은 일은 무엇이고, 해야 할 일은 무엇인가?'를 생각하고 결정하게 하는 데에는 이성적 사고와 감정의 적절한 조화가 필요합니다.

치매인 엄마의 이상 행동에 대한 답을 찾기 위해서 저는 어려운 뇌과학 이야기를 이해해야 하고, 제게서 점점 멀어져가는 엄마의 실체를 낱낱이 들여다보면서 심리적 아픔을 느껴야 했습니다. 엄마의 뇌에 묻고 뇌과학에서 답을 찾아가는 이 작업을 하는 내내 저는 엄청난 내적 갈등을 겪었습니다. 슬픔과 좌절이 더욱 깊어가는 시간이기도 했기에 스스로를 구속하는 의지력이 필요했죠. 인간의 뇌가 진화하여 대뇌 피질이 생기면서 이런 갈등을 풀어가는 능력이 주어진 겁니다.

어떤 일을 하면서 성취도가 가장 높게 나올 때는 꼭 해야 하는 일을 재미를 느끼며 할 때입니다. 이성적인 판단과 감정의 궁합이 잘 맞으면 더 큰 쾌감을 얻게 되죠. 당장 해야 할 일이 있지만, 영화를 보거나 쇼핑을 하며 즐기고 싶다는 욕구가 더 클 때도 있습니다. 이럴 때 무언가를 해야 한다는 이성적 사고와 가까운 미래에 얻게 될 성취감을 선택하고 행동으로 옮긴다면, 그것은 대뇌 피질이 있어서 가능한 일입니다. 우리가 배우고 익힌 지식과 경험을 바탕으로 의사결정을 할 때 더 좋은 판단을 내리도록 돕는 곳이 바로 대뇌 피질입니다.

또 다른 예로 시험을 앞둔 학생이 놀잇거리들을 제쳐두고 시험공부를 해야 하는 이유는 당장의 욕구보다는 멀리 보며 목표를 세우고 실천하는 편이 삶에 도움이 된다는 사실을 알기 때문입니다. 역시 대뇌 피질의 도움으로 가능한 일입니다. 인간의 뇌는 진화를 거치면서 대뇌 피질과 둘레계통을 형성했습니다. 그럼으로써 학습과 경험을 통해 기억하고 감정의 균형을 이루는 능력이 생겼습니다. 이는 뇌 손상으로 그 기능이 손상됐을 때 나타나는 증상을 이해하는 데 크게 도움이 됩니다.

아이들은 대뇌 피질이 아직 완전하게 발달하지 않았기 때문에 외부 환경에 대한 즉각적인 반응만 보입니다. 치매의 대표적인 증상도 기억력이 떨어지고, 인지 기능이 저하되며, 감정 조절이 안 되는 것이지요. 그 이유를 알기 위해 기억이 어떻게 만들어지고 저장되며, 어떤 과정을 거쳐 출력되는지 '기억의 비밀'을 하나씩 풀어가고자 합니다.

2장

엄마의 뇌에
'집착'을 묻다

닦고 또 닦고, 휴지 집착증

엄마를 보러 가는 길은 항상 발걸음이 가벼웠습니다. 나이가 50이 넘은 딸에게도 친정엄마는 삶이 지치고 힘들 때마다 버팀목이 되어 주는 사람이었기 때문이죠. 미운 짓을 해도 가슴으로 용서하는 분, 그 이름은 엄마입니다. 50살이 넘은 딸에게 여전히 "밥은 먹었나? 아픈 데는 없나?" 물으며 저의 안위를 챙기시는 엄마, 따뜻한 밥상을 차려 주고도 모자라 돌아가는 딸 손에 먹을거리를 한 보따리씩 들려 보내셨던 엄마를 오늘도 만날 수 있을까요?

일가를 이루고 사는 딸인데도 엄마 품은 늘 그리운 쉼터였습니다. 바쁜 방송작가 생활을 하면서 육아와 살림을 혼자 감당하며 살던 제 게 엄마는 영원히 늙지 않을 것만 같았습니다.

2016년 겨울부터 엄마 집에 가는 일이 잦아졌습니다. 항상 제 안위를 먼저 살피는 분이었는데, 어느새 엄마는 하루가 멀다하고 말썽 피우는 어린아이가 되고 말았습니다. 오늘은 무슨 일이 있었을까, 어떤 행동으로 식구들을 놀라게 했을까 하는 걱정이 앞서 엄마 집으로 가는 발길이 무거워지기 시작했습니다.

어느 날은 집에 들어섰는데 분위기가 왠지 이상했습니다. 빼꼼히 열린 화장실 문틈으로 엄마가 변기에 앉아 계속 손을 움직이시는 게 보였고, 아버지는 밖에서 안절부절못하면서 구시렁거리고 계셨어요. 무슨 휴지를 그렇게 많이 쓰냐는 타박이었습니다. 화장실로 가보니 엄마가 아래를 닦고 또 닦고 해서 휴지가 산처럼 쌓여있었습니다. 정말 난감했습니다. 얼마나 닦으셨는지 피까지 묻어 나왔더군요. 순간 분노를 참을 수 없어서 소리를 질렀습니다.

"엄마, 왜 그래요! 피가 나잖아요. 그만 닦아도 돼요."

언성이 높아지는 딸의 모습을 보면서도 '얘가 왜 이럴까?' 하고 멈칫하는 기색도 없이 휴지를 뜯어서 닦는 행동을 계속했습니다. 결국 피 묻은 휴지를 엄마 코앞에 들이대면서 이거 보라고 소리치며 엄마를 끌어안고 대성통곡을 했습니다. 엄마는 아무 말도 하지 않았습니다.

휴지에 집착하는 엄마를 어떻게 이해해야 할까요? 엄마, 아버지 두 분이 사시는 집에서 엄마의 이상 행동은 아버지가 모두 감당해야 했습니다. 하루 3시간씩 요양보호사가 있는 시간 외에는 오로지 아버지가 책임지셔야 했죠. 휴지 집착증은 아버지의 역정을 불렀습니다. 변기가 막혀 몇 번이나 뚫어야 했기 때문입니다. 93세로, 아직은 총기가 살아 있는 아버지는 나름대로 궁리한 끝에 화장실 휴지걸이 위에 이렇게 써놓으셨습니다.

"희우 엄마(첫째 언니 이름을 딴 호칭), 휴지를 많이 쓰면 변기가 막혀요. 1미터 이상 쓰지 말고…."

하지만 엄마는 이미 그 글귀를 읽고 행동을 멈출 수 있는 상태가 아니었습니다.

생각해보면 아버지는 엄마가 치매 진단을 받은 지 1년이 다 되도록 그 사실을 받아들이지 못한 것 같습니다. 당신의 말을 듣지 않는다고 화를 내곤 했습니다. '왜 못 알아듣느냐', '왜 시키는 대로 하지 않느냐' 하고 역정을 내셨어요. 자식들로서는 그 또한 견디기 어려운 일이었습니다. 어디론가 자꾸 멀어져가는 엄마를 보는 것만도 감당하기 버거웠기에, 아버지의 역정까지 이해하고 끌어안을 심적 여유가 없었던 거죠. 막내인 저 역시 힘겨웠습니다. 아버지를 향한 분노가 솟구칠 때도 있었습니다.

10분마다 화장실행, 알 수 없는 휴지 집착증

화장실을 한 번 갈 때마다 최소한 열 번씩 닦는데, 10분마다 한 번씩 가시니 피 소동이 안 날 수가 없었습니다. 정작 화장실을 가더라도 그때마다 소변을 보시는 것도 아니었죠. 때로는 양껏 보실 때도 있지만, 소변을 누지도 않았는데 휴지로 닦는 건 잊지 않으시는 겁니다.

저는 그만 닦으라고 울부짖으면서도 방광이나 신장에 문제가 있는 것은 아닌지 걱정이 됐습니다. 소변검사를 해보자는 생각으로 일회용 컵에 엄마 소변을 받아 들고 가장 가까이에 있는 동네 병원으로 향했습니다. 검사 결과 이상은 없었습니다. 그럼 엄마는 정말 요의를 느껴서 화장실을 자주 가는 걸까요?

"엄마, 정말 소변 마려워요?"라고 제가 물으면 엄마는 "응"이라고 대답하셨습니다. 하지만 막상 화장실에 가서도 소변은 보지 않을 때가 많았죠. 엄마는 점차 휴지에 집착하기 시작했고, 알 수 없는 행동은 밤과 낮을 가리지 않았습니다. 우리가 곁에 있을 수 없을 때 엄마를 관찰하기 위해 CCTV를 설치했는데, 영상 속 엄마는 계속 휴지로 닦는 모습입니다. 팬티를 물에 적셔 닦는 행동까지 여러 번 반복하셨습니다.

"엄마, 그만 닦아도 돼요."

당신의 행동을 저지하는 듯한 말을 하면 엄마는 눈빛이 달라집니다. 거칠게 손짓하면서 나가라고 합니다. 휴지를 뺏으면 대응이 더욱 거칠어집니다. 평생 그런 적이 없었던 엄마가 헐크로 변합니다.

엄마의 뇌가 궁금합니다. 왜 이런 행동을 하는지, 왜 화를 내는지 묻고 싶어집니다. 대처 방법을 몰라 당황하는 사이에 딸의 뇌에도 '삐뽀 삐뽀' 경고등이 켜집니다. 엄마가 분노를 표출하면 딸도 분노 게이지가 올라가 엄마가 환자라는 걸 잊어버리고 맙니다. 같이 화로 맞대응하면서 속으로 '엄마는 이런 사람이 아니잖아요? 제발 엄마로 돌아오세요!' 하고 외칩니다. 엄마의 뇌 상태를 이해할 수 없어 화를 내지만, 그러면 그럴수록 절대 정상적인 행동으로 돌아오지 않는다는 사실만 확인하게 되죠.

엄마, 왜 그런 행동을 하세요?

의심증과 수집증도 많은 치매 보호자가 괴로움을 호소하는 증세입니다. 의심증 역시 일종의 집착 또는 강박 증세가 아닐까 싶습니다. 알츠하이머성 치매인 어떤 어머니는 날마다 당신을 찾아뵙고 돌보는 딸을 의심했습니다.

제가 인터뷰한 사례자 중 한 명인 박혜영(가명) 씨 이야기입니다. 어머니가 시도 때도 없이 뭐를 훔쳐 갔다고 욕하면서 전화하시는데 서운하기 짝이 없었다고 합니다. 성당에 같이 다니는 동네 사람들한테 딸이 자기 돈을 훔쳐 간다고 흉을 보신다니 망신살도 그런 망신살이 없었을 겁니다. 100만 원을 침대 매트리스 밑에 넣어두고는 어디에 뒀는지를 잊어버리신 겁니다. 어머니 입장에서는 당신 집에 자주 들락거리는 딸이 의심스러웠던 게 당연할지도 모르죠.

어머니 집과 5분 거리에 살면서 혼자 사는 어머니의 생활을 늘 염려했던 딸이 처음 이상 증세를 느낀 건 냉장고에 넣어드린 반찬이 하나도 없어지지 않아서였습니다. 음식에 손도 안 댄 채로 쌓여 곰팡이가 피어버린 적이 많았죠. 이런 일이 반복되자 어머니의 치매 증세를 의심하게 됐습니다.

혜영 씨 어머니의 주요 증세는 돈에 대한 집착과 의심증이었습니다. 통장이 없어졌다고 난리를 치셔서 다시 만들면 된다고 진정을 시키다 보니, 새로 만든 통장이 여러 개가 됐습니다. 통장 비밀번호를 아버지 생일로 했는데 희한하게도 그 비밀번호는 오랫동안 잊지 않으셨습니다. 돈에 대한 집착은 의심증과 함께 심해졌습니다. 자신을 도둑 취급하는 어머니가 낯설고 서운해서 다시는 안 온다고 울고불고할 때가 많았습니다.

한동안은 막내딸 출입금지령이 내려지기도 했습니다. 큰언니가 "당분간 오지 마라, 엄마 화내신다" 하면 막내딸은 본의 아니게 휴식을 취하는 시간이 됐죠. 혜영 씨는 멀쩡한 얼굴로 진지하게 의심하는 어머니한테 "엄마, 어떻게 자식한테 그런 소리를 하세요?" 하며 같이 화를 내기도 했다고 합니다. 하지만 이제는 후회가 된다고 합니다. 아무리 화를 내도 엄마는 달라지지 않았으니까요.

화를 내거나 말려도 반복되는 이상 행동

저나 혜영 씨는 엄마에게 왜 그러느냐고 화를 내면서 그러면 안 된다고 말리는 방식으로 대처했습니다. 그러나 저희 엄마나, 혜영 씨 어머니의 증세가 호전되는 건 아니었습니다. 그 집착증은 스스로 가라

앉을 때까지 기다려야 했습니다. 그렇게 태풍처럼 찾아오는 순간을 잠시라도 모면할 방법을 생각해야 했습니다.

변기가 막히도록 휴지를 쓰는 엄마에게는 변기 옆에 휴지통을 놓고, 휴지통에 넣도록 연습을 시킵니다. 도둑을 맞았다는 착각이나 누군가가 자기 물건을 가져갔다고 의심하는 경우에는 일차적으로 물건을 감추는 장소를 잘 관찰합니다. 쓰레기통을 비울 때는 혹시 그 안에 감춘 물건이 들어 있는지 확인합니다. 간병하는 사람을 의심하더라도 항상 부드럽게 대하고, 환자가 뭔가를 잃어버렸다는 사실을 인정해주고 같이 찾아봅니다.

대부분의 보호자가 "엄마, 제발 이러지 마세요!" 하고 울부짖습니다. 공감이 되고도 남는 대응이지만, 그럴수록 치매 엄마의 감정은 더욱 격해지기만 합니다.

밤마다 고물 주우러 나가는 어머니

84세에 뇌 허혈성 치매 진단을 받은 정영실(가명) 씨의 어머니는 밤에 잠을 안 자고 집을 나가서 고물을 수집해 오는 증세를 보였습니다. 엄마를 붙잡고 도대체 왜 그러시는 거냐며 동네 창피해서 못 산다고 주저앉아 울기도 많이 울었다고 합니다. 왜 그러냐는 딸의 질문에 엄마는 아무 말도 하지 않습니다. 밤마다 한바탕 소동을 벌이거나 아침이면 마당에 쌓여 있는 쓰레기를 볼 때마다, 망나니 자식의 짓도 아니고 말썽꾸러기 손자의 짓도 아닌 엄마의 소행이라는 사실이 믿기지 않을 뿐입니다.

장롱을 정리한다고 잠도 안 자고 옷을 다 꺼냈다가 넣었다가 해서 방이 난장판이 되는 일도 다반사였습니다. 이런 행동을 반복하면서도 정작 어머니는 자신이 방금 한 일을 기억하지 못합니다.

잠을 안 자고 왜 나가시나요?
왜 고물을 주워 오시나요?

서울치매센터에서 발간하는 치매 극복 수기집에 나온 유○○ 씨의 사례도 비슷했습니다. 유 씨의 엄마는 노인성 우울증을 동반한 알츠하이머 치매였는데, 물건에 대한 집착이 심했습니다. 유 씨는 엄마가 5년여 동안 혼자 이겨내 보려고 갖은 노력을 했다는 걸 뒤늦게 알고 자신을 책망하며 괴로워했습니다.

언젠가부터 엄마는 뭐든 메모를 하셨는데 노트와 달력, 심지어 광고 전단의 빈틈에까지 적으셨습니다. 묵인된 세월 속에 엄마의 증상은 점점 더 악화됐고, 거리에 버려진 모든 물건에 집착하는 증세 때문에 집 안은 거의 쓰레기장을 방불케 했다고 합니다. 주워 온 물건을 치우느라 전쟁을 치러야 했으니까요. 부엌 살림살이며 신발들이 장롱에서 발견되기도 하는 등 집 안 물건들이 제자리를 잃어갔습니다.

엄마의 이런 행동에 대한 가족들의 대처법도 제각각이어서 형제간의 불화까지 생겼습니다. 평생 어렵게 살아오셨으니 엄마를 이해해야 한다는 자식도 있고, 이상 행동을 보이는 엄마를 외면하고 냉담하게 대해 물건을 쌓아놓지 못하도록 말려야 한다는 의견도 있었습니다. 어느 것도 해답이 되지 못해서 결국은 엄마를 향한 언성만 높아졌죠.

"도대체 왜 그래 엄마! 도대체 왜 그러는 거냐고!"

다 큰 자식이 엄마의 행동에 대해 화를 내면 예전에는 눈치를 보셨죠. 하지만 이제는 화내는 자식 앞에서도 불통인 상태가 됐습니다.

이런 이상 행동 전에 전조 증세들이 분명히 있었을 텐데, 멀어져가는 엄마를 보면서 딸은 한탄이 앞섭니다. '우리는 무엇을 했는가' 하는 후회가 밀려듭니다. 유 씨네는 5년여 동안 엄마 혼자 전쟁을 치렀던 그 시간에 대한 회한이 컸다고 합니다. 집을 쓰레기장으로 만들어버리는 엄마의 이상 행동을 받아들일 수가 없었겠죠.

많은 치매 환자가 자신이 뭔가를 모른다는 사실을 들키지 않으려고 그럴듯한 얘기를 꾸며낸다고 합니다. 돌이켜 보면 저도 엄마의 치매를 초기에는 알아채지 못했습니다. 저희 형제는 주말이면 엄마 집에 모여 단란한 시간을 보냈습니다. 노부모님 두 분이 사시니 찾아뵈러 간다는 의미도 있었지만, 애들 좋아하는 콩가루국 한 대접이라도 만들어주시던 따뜻한 마음이 그리워 매주 모였던 게 아닌가 싶습니다.

그렇게 주말이면 자식들이 둘러앉아 두런두런 얘기를 나눴는데, 엄마는 귀가 어두운데도 그냥 들리는 듯이, 잘 알아듣는 듯이 함께 앉아 계셨던 것 같습니다. 가끔 엄마가 잘 알아듣지 못한 채 웃어넘기는 것 같다는 생각이 들 때가 있었거든요. 기억력이 조금씩 떨어지고 있다는 걸 스스로는 알고 있으면서 내색하지 않으셨던 게 아닌가 싶습니다.

이상 행동을 인정해주기

제가 만난 57세 딸 박성미(가명) 씨는 어머니의 이상 행동에 지혜롭게 대처했습니다. 저희 어머니와 비슷하게, 성미 씨 어머니의 이상 행동은 대변을 보고 싶다며 수시로 화장실을 가는 것이었습니다. 식사도 화장실에서 할 정도로 화장실에 집착하는 어머니를 성미 씨는 하고 싶은 대로 하게 놔두자고 가족들을 설득했다고 합니다. 그러자니 요양보호사가 오는 오후 3시간을 제외한 나머지 시간에는 온전히 자식들이 어머니와 씨름해야 했습니다.

"대변이 마려워요?"

"진짜 대변 보고 싶은 거예요?"

"조금 전에 화장실 다녀왔으니 참으세요."

화를 내기보다는 설득해보려는 노력을 더 많이 했다고 합니다. 성미 씨는 위의 사례들에 비해서 비교적 빠른 시간에 어머니를 있는 그대로 받아들이게 됐습니다. 스스로 '어머니는 환자다', '뇌가 잘못 지령을 내리는 거다' 하고 주문을 외면서 어머니의 상태를 인정하기로 생각을 굳혔습니다.

> **▶ 화장실을 자꾸 가려고 할 때**
>
> · **이렇게 하면 안 돼요(X)**
>   - "방금 갔다 왔잖아요. 보세요, 역시 안 나오잖아요!"
>   - "설거지 마칠 때까지 기다려요!"
>   - 또 가냐며 화를 낸다.
>
> · **이렇게 하세요(O)**
>   - "예, 화장실로 가시죠."
>   - "방금 갔다 왔지만 또 가볼까요?"
>   - 몇 번이라도 웃으면서 응해준다.

성미 씨는 언니들과 교대로 불침번을 서면서 어머니를 지켰습니다. 어머니의 증세에 맞춰 생활하다 보니 언니들이 병이 나기 시작했고, 성미 씨에게 불침번 차례가 더 자주 돌아오게 됐습니다. 자신도 손주까지 본 젊은 할머니인 터라 고난의 연속이었습니다.

어머니는 3년 전에 알츠하이머성 치매 진단을 받았는데, 대변이 마렵다면서 밤새 화장실을 가는 증세는 척추 골절 이후에 생겼다고 합니다. 정형외과에서 치료를 마치고 퇴원할 때 의사가 평생 변의가 있을 거라는 경고를 했는데, 공교롭게도 골절 이후 겨우 걸음마를 뗄 즈음 알츠하이머성 치매 진단을 받았다고 합니다. 화장실을 10분 간격으로 다니는 바람에 오히려 재활이 저절로 됐을 정도라고 하니 화장실 집착증이 어느 정도였을지 짐작할 수 있습니다.

89세의 어머니에게 일어난 골절 사고는 육체의 노화, 뇌의 노화를 급속도로 진행시키는 계기가 됐습니다. 골절 이후 재활이 되는가 싶어 안도하기도 전에 어머니의 이상 행동이 나타나기 시작했는데, 막내딸 성미 씨로서는 받아들이기 쉽지 않았겠죠. 독실한 기독교 신자인 성미 씨 가족은 하나님을 원망하기도 했고, 믿음이 튼튼하지 못해 일어난 일이라고 자매지간에 네 탓 내 탓을 하기도 했다는군요. 성미 씨는 혼자서 삭이면서 희망의 끈을 놓지 않았습니다. 엄마가 회복될 것을 소망하기보다는 지금 그대로의 모습을 좀 더 지켜볼 수 있기를 소망했습니다. 그리고 어머니가 하고 싶은 대로 해주자, 그게 말이 되는 요구이든 아니든 들어주자고 다짐했다고 합니다.

그럼에도
밤새 화장실 가는 이상 행동은
해가 바뀌어도 여전하셨습니다.

왜 화장실과 휴지에 집착할까

　치매에 걸린 엄마는 자신의 행동이 왜 잘못된 것인지 알지 못합니다. 전두엽의 기능이 손상됐기 때문에 상황을 종합적으로 판단할 수 없습니다. 보호자나 간병인의 표정과 말투, 억양으로 화를 낸다는 걸 알아채고는 그것에 대해 더 화를 낼 뿐입니다. 때로는 난폭해지기도 합니다. 특히 퇴행성 난청인 노인들은 듣지 못하는 대신 표정과 몸짓에 굉장히 민감하게 반응하는 경향이 있습니다. 그러다 보면 집착과 강박 증세가 점차 사그라지고 자신이 어떤 것에 병적으로 집착했는지조차 알지 못합니다.

　치매라는 뇌질환을 다루는 의료 분야는 신경과, 정신과, 신경외과입니다. 뇌출혈이나 뇌종양과 같이 외과적 수술 치료가 필요한 경우를 제외하고는 대부분 신경과에서 정신과적 약물치료와 상담을 합니다. 정신행동증세 때문입니다. 정신과적 증상에는 집중력 같은 의식적 정신 활동이나 지각, 사고의 내용, 언어, 감정, 기억력 등에 발생하는 장애가 포함됩니다. 그 외에 지능, 판단, 성격 등에도 장애가 일어나는데 이는 증상인 동시에 진단명이기도 합니다.

정신과 질환의 진단명에 우울 장애, 조현증, 양극성 장애, 불안 장애, 성격 장애 등이 있는데 이는 치매 환자에게도 나타납니다. 그러나 엄마가 화장실을 자주 가고 휴지에 집착하는 행동을 보일 때 무조건 정신적인 문제라고 단정 지을 수는 없었습니다. 그런 증세가 나타날 때마다 다양한 관찰과 검사를 시도했습니다. 혹시 신체적으로 이상이 있을 수도 있으니까요.

- 증세: 화장실을 자주 가고, 반복적으로 휴지를 사용하는 행동
- 엄마의 병증 원인 추측
  - 소변검사로 방광염인지 확인했습니다. 엄마는 이상 소견이 없었습니다.
  - 방광에 소변이 차 있다고 뇌에서 신호를 보내서 요의를 느끼는 게 정상인데, 뇌의 병변으로 신호를 잘못 보내는 것일 수도 있다고 여겼습니다. 이에 대해서는 추측만 할 뿐 의학적으로 확실한 소견을 듣지 못했습니다.
  - 때로는 참아야 하는 상황인데도 괄약근 조절이 안 되어 대소변 실수를 할 수도 있는데, 치매의 증세로서만이 아니라 노화로도 나타날 수 있습니다. 그러나 지나친 반복 행동은 치매의 정신과적 증세로 볼 수 있습니다.

옷을 수집하거나 쓰레기를 주워 오는 등 특정 행동에 집착하면서 반사회적 행동을 계속하는 것은 치매 환자에게 흔히 나타나는 병적

증세입니다. 이를 정신과적으로는 강박 장애라고 하는데, 강박 장애는 불안 장애의 일종으로, 자신의 어떤 특정한 사고나 행동을 떨쳐버리고 싶은데도 의지와는 상관없이 시도 때도 없이 반복적으로 하게 되는 상태를 말합니다.[1] 위 사례자들의 증세를 포함해서 유사한 이상 행동으로는 잦은 손 씻기, 반복적으로 문단속하기, 환상에 대한 집착 등이 있습니다. 이런 이상 행동을 보일 때 그 빈도나 강도로 정신과적 강박 장애 여부를 가늠합니다.

집착증은 낯선 사람을 거부하기도 하고, 한 사람만을 고집해서 잠시만 안 보여도 불안 증세로 나타나기도 합니다. 또는 남성 치매 환자의 경우 성적 행위로 나타나기도 하는데요. 인지 능력이 떨어져 상대를 젊은 시절 배우자로 오해함으로써 성적 행위를 시도할 수도 있습니다.

하지만 바지를 벗거나 성기를 만지는 행동이 모두 성적 행위인 것은 아닙니다. 소변이 마렵거나 기저귀가 불편해서일 수도 있기 때문에 무조건 과민 반응을 보이는 것은 좋지 않습니다. 한편 물건에 대한 집착증은 남의 물건을 자기 것으로 오해하고 강제로 빼앗아 오려다가 다툼이 일어나거나, 그 과정에서 공격적인 행동을 보일 때도 있습니다.

강박 장애에서 드러나는 여러 증세에 대해 보호자들은 대부분 화를 내거나, 그렇게 하면 안 된다며 치매 환자의 행동을 부정합니다. 그런 태도는 치매 환자의 이상 행동을 멈추게 할 수 없습니다. 뇌 손상 부위가 제대로 작동하지 않는 것이 근본적인 원인이기 때문입니다.

고장난 전두엽이 부른 BPSD

정도의 차이가 있을 뿐, 뇌혈관성 치매와 알츠하이머성 치매 환자는 전두엽 손상이 시작된 상태입니다. 전두엽이 손상된 뇌는 감정 조절 능력을 잃어갑니다. 전두엽의 어느 부위가 손상됐느냐에 따라 증상이 다양합니다. 그래서 신경과에서 치료 중인 많은 치매 환자의 초기 증세는 탈억제, 반사회적 행동, 강박 행동, 무계획성, 작업기억 장애가 대표적입니다. 이런 장애에 따라다니는 정서 장애 증세가 무관심, 무의욕, 무감동, 우울증입니다.[2]

세계 노인정신의학회의에서는 치매 환자에게 흔히 발생하는 불안, 초조, 배회, 강박 등의 정신 장애를 치매의 정신행동증상BPSD, Behavioral and Psychological Symptoms of Dementia이라고 정의했습니다. 즉, 치매로 인해 나타나는 정상적이지 않은 생각, 감정, 행동을 통틀어 BPSD라고 합니다. 2005~2010년 전국 31개 병원을 찾은 1786명의 초·중기 알츠하이머 환자 가족을 대상으로 한 설문조사에 따르면, 가족을 힘들게 하는 환자의 문제 행동 증상으로는 '죽고 싶다'고 하는 우울 증세가 가장 많았습니다. 다음으로는 지나친 화, 불안, 공격성, 수면 장애, 망상 순으로 나타났습니다. 모두 치매 환자의 공통적인 정신행동증상입니다.

한의사 김철수 씨는 25년간 환자들을 직접 치료한 경험을 쓴《장모님의 예쁜 치매》에서 전두엽 손상으로 감정 조절과 사고를 제대로 할수 없는 증세를 '할까 말까의 상황'으로 빗대어 설명합니다. 치매 환자 모두에게 나타나는 증상은 아니지만, 전두엽 손상이 있는 치매 환자에게서는 무표정한 얼굴, 부적절한 노기 분출, 고집 등이 공통으로나타납니다. '할까'는 의욕이 상실돼서 아무것도 하지 않으려는 경우이고, '말까'는 충동이 잘 억제되지 않아서 참을성이 없어지고 여러가지 충동적 감정을 제어하지 못하는 경우입니다. 전두엽은 원래 사고·판단·행동하게 하는 인지 기능을 가지고 있는데, '할까'는 전두엽의 손상으로 그 기능을 제대로 하지 못한다는 얘기입니다. 그리고'말까'는 충동적인 행동을 억제하지 못한다는, 즉 '하지 말아야 한다'는 생각을 못 하게 된다는 의미입니다.

사춘기 때처럼 불완전한 뇌

이미 청소년기를 지나온 우리는 그 시기에 감정 통제 능력이 성인보다 약하다는 걸 잘 알고 있습니다. 청소년과 성인을 가르는 중요한기준은 뇌의 안와전두엽 피질(앞쪽 이마엽 피질)이 어느 정도 성숙했느냐에 달렸다고 해도 과언이 아닙니다. 청소년기의 안와전두엽 피질은 유년기 때와 거의 다를 바 없습니다. 10대 때는 주의를 집중해서 행동할지 말지를 결정하는 안와전두엽 피질의 기능이 덜 성숙한 상태인데, 그에 비해 쾌락 또는 원하는 것만을 추구하는 쾌락 추구 능력은 지나치게 성숙한 상태라고 합니다.

성숙한 쾌락 추구 시스템과 미성숙한 안와전두엽 피질의 조합은 10대 청소년이 감정적으로 과민할뿐더러 감정 통제 능력이 성인보다 더 약함을 의미합니다. 혼란스러운 가운데서도 우리 자신을 누구로 자각하는가에 극적인 영향을 미치는 뇌의 변화는 10대 시절에 이뤄진다고 알려져 있죠. 인간의 뇌 발달은 25세까지 계속된다고 밝혀졌는데, 10대 시절에 신경학적으로 자신의 정체성에 혼란을 겪는 이유는 감정과 이성 사이에서 감정을 담당하는 뇌가 힘이 센 시기이기 때문입니다.

뇌의 발달 과정을 보면, 아기의 뇌에서는 매초 무려 200만 개의 새로운 신경 연결망이 형성됩니다. 이를 시냅스라고 합니다. 치매의 뇌 병변이 일어나는 곳이 시냅스 부위이기 때문에 여러 기능을 하는 뇌 부위가 통합적으로 이상 증세를 일으킵니다. 시냅스는 성인보다 두 살 아기가 더 많이 가지고 있습니다. 100조 개 정도로, 성인의 2배라고 합니다. 성숙해지는 동안 50퍼센트가 줄어드는 겁니다.

어떤 시냅스가 제거되고, 어떤 시냅스가 남을까요? 뇌신경회로에 성공적으로 참여하는 시냅스는 강화되지만, 반대로 불필요한 시냅스는 약화되다가 결국 제거됩니다. 숲속 여러 개의 오솔길 중에 사람이 자주 다니는 길은 유지되고 잘 다니지 않는 길은 점차 풀과 나무로 덮여 사라지는 것과 마찬가지입니다. 유년기를 지난 뇌의 시냅스가 유난히 많이 생겨나는 시기가 바로 사춘기입니다.

안와전두엽 피질(안와이마엽 피질)에서 새로운 세포들과 연결되는 시냅스들이 형성되고 새로운 경로들이 생겨납니다. 10대 시절 내내 비교적 약한 연결들은 제거되고 비교적 강한 연결들은 다시 강화되는 거죠. 수준 높은 추론과 충동 조절에 필요한 뇌 구역들에서 이런 큰 변화가 일어나기 때문에 청소년기를 급격한 인지적 변화의 시기라고 합니다. 충동 조절을 위해 중요한 안와전두엽 피질은 가장 늦게 성숙하는 구역 중 하나로, 20대 초반까지도 완전히 성숙하지 못합니다.[3] 전두엽 손상으로 기억력 장애와 언어 장애, 이상 행동 증상을 보이는 치매 환자들이 인지 기능이 저하되고 감정 통제가 안 되는 이유는 결국 추론 능력과 충동 조절 능력이 아직 성숙하지 않은 사춘기 시기의 뇌 상태와 유사하기 때문이라고 볼 수 있습니다.

왜 충동적으로 나가 배회할까

많은 치매 환자의 행동 이상 증세 중 하나가 배회증입니다. 배회증은 집을 나가서 거리를 배회하거나 시설을 탈출해 무작정 떠나는 행동을 말합니다. 뇌 부위 중 공간기억을 담당하는 부분이 '해마 영역'인데, 이곳이 손상되면 자신이 어디에 있는지, 왜 여기 있는지를 모르게 됩니다.

영국의 신경과학자들이 연구한 한 실험 결과를 보면 공간지각과 해마의 관계를 쉽게 이해할 수 있습니다. 런던 택시 운전기사 16명의 뇌를 다른 집단의 뇌와 비교한 결과, 택시 운전기사들의 뇌에서 공통으로 매우 커다란 해마가 발견됐습니다. 런던은 도로가 복잡하기로 유명한데 이들의 뇌에는 작은 골목까지 지도가 상세하게 입력돼 있었던 겁니다. 공간기억력이 뛰어나 길 찾기를 잘한다는 의미인데, 이들의 해마가 눈에 띄게 크다는 것이 확인됐습니다. 공간에 대한 기억력은 해마가 정상적으로 기능할 때 학습을 통해 더 발달할 수 있다는 거죠. 반대로, 치매로 인해 해마가 손상된 경우 자신이 있는 장소에 대한 지각을 할 수 없게 됩니다.

학습을 위해 기억을 할 때 뇌가 활동하는 첫 단추가 공간지각입니다. 거주 장소를 옮기거나 시설에 들어가면 공간에 대한 학습이 더욱 어려워지기 때문에 자기 방이 어디인지, 화장실이 어디인지 몰라서 헤매게 되는 거죠.

치매로 인해 배회하는 사람들은 집 밖으로 나가고 싶은 충동을 이기지 못하고 나갔다가 길을 잃는 경우가 많습니다. 밤에 잠을 못 자거나 낮에도 충동적으로 집 밖으로 나가는 이유는 집에 있으면서도 자기 집이라는 인식이 없어서 일단 밖으로 나가려 하는 겁니다. 또는 누군가가 부르고 있다는 환각 때문에 나가려고 할 수도 있습니다. 정서적 불안 상태에서 나가고자 하는 경우가 많습니다. 집 밖으로 나가는 순간 자신이 자주 다녔던 길조차 기억하지 못하기 때문에 배회하다가 길을 잃게 됩니다. 치매 환자는 아무리 돌아다녀도 머릿속에 새로운 장소에 대한 지도를 만들지 못합니다.

노인 문제 전문 기자인 김동선 씨는 많은 치매 환자의 증세를 접하고 보호자들을 만나면서 공간지각과 기억을 잘 못 해서 생기는 배회증을 이해하게 됐습니다. 치매에 걸린 분이 집을 나갈 때마다 보따리를 싸서 나가는 것은 자신이 떠난다는 사실을 지각하고 있음을 말합니다. 어디로 가느냐고 물으면 대부분 집에 간다고 하는데 그 집이 반드시 현재 거주하는 집은 아니라는 거죠. 오래전에 떠난, 이제는 존재하지 않는 '그 집'을 찾아 나서는데 결국 길을 잃고 이리저리 헤매다가 이웃 주민이나 경찰의 도움으로 현재 집으로 돌아오게 됩니다. 배회증은 치매 환자 가족들이 가장 고통스러워하는 증세입니다.

배회증도 불안에서 오는 강박 장애다

배회증의 의학적인 원인에 대해서는 여러 가지 학설이 있습니다. 시각적 집중과 빛의 흐름에 따른 시선 운동의 장애가 배회증을 일으킨다는 주장도 있고, 배회증이 나타나는 알츠하이머성 치매 환자가 배회증이 없는 환자에 비해서 좌측 측두정엽 부위의 뇌 혈류가 심하게 저하됐다는 보고도 있습니다. 전두측두엽과 연관된 도파민 대사의 문제가 제기되기도 했습니다. 결국 이 학설들은 뇌과학적으로 공간을 지각하고 기억하는 뇌 영역이 제대로 기능하지 못함으로써 배회증이 생긴다는 주장입니다.

한편 심리사회적 관점에서는 배회증을 다르게 이해할 수 있습니다. 충족되지 않은 욕구나 환경적 요인들 때문에 불안감을 느끼고 이를 해결하기 위해 배회하게 된다는 추론입니다. 즉 내적으로 충족되지 않은 욕구가 있는 상태에서 외적으로 불편한 상황과 충돌하고, 이것이 환자의 참을성을 넘어설 때 일으키는 충동적 행동을 배회라고 보는 것입니다. 특히 치매 환자는 현재 있는 곳이 안전하다고 느껴지지 않거나 익숙한 얼굴이 보이지 않는 등 신체적·심리적으로 불안할 경우에 배회가 나타나거나 심해질 가능성이 크다고 봅니다.

저희 엄마는 집 밖으로 나가는 배회 증세를 보이지는 않았습니다. 다만 치매 진단을 받은 지 얼마 되지 않았던 2년 전, 극심한 불안 증세로 나타난 것은 밤새 집 안을 점검하면서 들락날락하는 행동이었습니다. 엄마는 집 안에서 배회한 것이나 다름이 없습니다.

지인의 어머니도 자꾸 집 밖으로 나가서 배회하다가 길을 잃는 일이 생겼다고 합니다. 그래서 지방에 있는 어머니 집에 CCTV를 설치하고, 자식들이 시간 단위로 조를 짜서 지켜봤다고 합니다. 돌발적으로 집 밖으로 나갈 때면 가까이 사는 자식이 뛰어갈 수 있도록 최소한의 안전장치를 해두었는데, 그렇게까지 했음에도 어머니가 집을 나간 후 길을 잃는 일이 몇 차례나 일어나 자식들을 놀라게 했습니다.

엄마를 볼 때 위의 추론이 모두 그럴법하다고 생각합니다. 우선 공감각이 떨어지고 기억력이 없다 보니 치매 환자는 현재 머물고 있는 곳이 자기 집이 아니라고 여깁니다. 집을 나서면 전두측두엽에서 공간을 지각하고, 저장된 해마 부위에서 기억을 떠올려 길을 알려줘야 합니다. 즉 어느 길로 가면 예전에 다니던 슈퍼마켓이 있고, 그 길을 지나 골목으로 가면 집이 있다고 말입니다. 또한 안와전두엽이 집을 나온 지 몇 시간이 됐으니 이제 집으로 가야 한다는 판단을 해야 합니다. 그 과정이 제대로 이루어져야 집을 나갔더라도 돌아올 수 있습니다.

이런 과정이 뇌에서 혼선을 빚는다고 상상해봅시다. 당연히 불안감이 밀려오고, 빨리 안전한 자기 집으로 가야 한다는 충동이 거세지겠죠. 그럼 앞서 언급한 것처럼 충동 조절이 안 되는 뇌는 집 밖으로 나가도록 이끕니다. 앞서 연구자들이 제기한 여러 학설 중 좌측 두정엽의 뇌 혈류 이상일 수도 있고, 도파민 대사의 저하로 우울증을 동반한 불안증일 경우에도 나타날 수 있습니다. 배회를 하게 되는 이유를 알아야 부지불식간에 밖으로 나감으로써 이차적인 위험이 발생하는 일을 예방할 수 있습니다.

'집이 아닌 황당한 곳에 있다고 생각하면 얼마나 불안할까?'
보호자의 이런 공감이 배회증을 이해하는 첫걸음입니다.

3장

엄마의 뇌에
'거부'를 묻다

엄마를 나락으로 떨어뜨린 '치명적인 거부'

엄마는 어떤 사람이었을까요? 엄마가 낯선 모습으로 급하게 떠나가고 있다고 느낄 때면, 엄마는 어떤 사람이었는지 생각하게 됩니다. 1남 3녀를 둔 엄마이고, 2019년 현재 94세인 남편의 아내, 부모님의 맏딸, 그 이전에 한 여자라는 그녀의 정체성을 다시 생각해봅니다.

시간을 거슬러 올라가 엄마의 정체성이 어떻게 만들어졌나를 돌이켜 보면, 그 세대 어르신들이 대부분 그러하듯 불운한 우리의 현대사를 온몸으로 겪으셨다는 걸 알게 됩니다.

엄마는 경상북도 안동에서 태어나, 명문으로 손꼽는 경북여자고등학교에서 수학한 수재 중의 수재였습니다. 일제 치하에서는 과수원에서 사과 따는 강제 노역을 해야 했는데, 그러면서도 공부를 잘했습니다. 고등학교에 입학할 때 가슴에 셀 수 없이 많은 상장 같은 배지를 달았을 정도였다니까요. 그럼에도 그 시절 완고한 할아버지의 만류로 대학에 진학하지 못했습니다.

그 총명함은 외가 식구들과 여고 동창생들이 모두 인정하는 엄마의 면모입니다. 외할머니는 아들 둘을 홍역으로 잃은 후에 엄마를 얻었습니다. 그러니 엄마에 대한 사랑이 각별할 수밖에 없었죠. 여고를 졸업하고 비록 대학 진학은 포기해야 했지만, 초등학교 교사 자격시험을 봐서 교사 생활을 3년 정도 하셨다고 들었습니다. 그 후 엄마는 1954년 스물네 살에 아버지와 결혼을 하면서 서울로 올라왔습니다. 6·25전쟁이 끝나고 얼마 되지 않은 시기여서 온 나라가 경제적으로 힘들었던 때였습니다.

콧대 높고 꼿꼿한 여자였던 엄마의 시집살이는 녹록지 않았습니다. 대도시로 시집왔다는 기대감이 이내 절망으로 바뀌었죠. 물도 안 나오는 집에서 병든 홀시어머니, 시동생과 함께 시작한 신혼은 고달프기만 했습니다. 하루에도 열두 번 마포강(지금의 한강)에 가서 생을 마감하고 싶다는 충동이 일었다고 했습니다. 밤마다 베갯잇을 적시며 하루 견디고 이틀 견뎌낸 세월이죠. 한 해 두 해 견디며 살다 보니 첫딸이 태어났고, 당시 그런대로 살만했던 외가는 힘든 서울살이를 하는 맏딸을 위해 요즘 말하는 가정부를 항상 붙여주셨습니다. 제가 중학교 2학년이던 때까지 살림을 도와주는 언니가 있었죠.

삶의 고락이 엄마의 뇌에 켜켜이 쌓였는데, 희한하게도 뇌 안의 기억이 지워지면서 나타나는 증세에도 엄마의 삶이 녹아 있는 듯했습니다. 한 사람으로서 엄마를 이해하지 않으면, 도저히 알 수 없는 엄마의 치명적인 이상 행동은 '거부' 증세였습니다. 간병과 살림을 도와줄 요양보호사에 대한 거부 증세는 가히 폭력적이었으니까요. 거부 증세는 집착의 또 다른 이름 같았고 그것은 엄마에게 독약이 됐습니다.

엄마는 뇌혈관성 치매 진단을 받기 전부터 팔목, 어깨, 발등 등 한 해에 한 번씩은 골절상을 입었던 것 같습니다. 2016년 2월, 발 깁스를 하면서 동네 치매센터에서 간단한 검사를 통해 경도 인지 장애 진단을 받은 터라 노인 장기요양보험 상담을 했습니다. 일상생활이 어려우니 당시에는 최저등급인 4등급을 받고 일주일에 5회, 하루 4시간씩(2018년부터 3시간씩으로 바뀜) 요양보호사의 도움을 받을 수 있게 됐습니다.

당시만 해도 엄마는 거의 정상인에 가까운 인지력이 있었습니다. 밥과 간단한 반찬을 만들고 밥상을 차리는 데 큰 문제는 없는 정도였으니까요. 다만, 발 골절과 지병으로 갖고 있는 척추측만증 때문에 거동이 불편해서 도움이 필요했습니다. 그런데 막상 요양사가 일주일에 세 번 오는 것도 힘들어하셨습니다. 남의 식구가 왜 오느냐, 빨리 가라고 아우성치셨죠. 하루 24시간 돌봄이 필요한 상태가 됐을 때 거부증은 더욱 치명적이었습니다. 그렇게 요양사를 거부하는 동안, 요양사가 곁에 있었다면 피할 수 있었을 일들이 너무 많이 벌어졌습니다.

2017년 여름 일지

- 8. 18: 새벽에 목욕탕에서 넘어진 채 홀로 3시간여 사투

   이전 보름 동안 전혀 잠을 못 자고, 계속 거실과 화장실을 들락거리다가
   목욕하고 나오는 길에 쓰러짐

- 8. 19~21: 입원, 섬망증 심각

- 8. 22: 퇴원 후 집에서 케어

   소변 안 나오고, 열이 잠시 오르고, 가래·기침 심해지고, 호흡 불안정
   퇴원 후 두 번째 처방, 수면제 가장 많이 처방함
   며칠간 사지경직 심화, 하루 2시간만 깨어 있음

- 9. 3: 월요일 급히 병원 상담

   약 끊고 몸이 경직되는 현상, 파킨슨병 약만 처방
   입원 요청

- 9. 4~6: 온갖 치매 증상 돌출

   섬망, 화내기, 잠 안 자기, 이상 행동

- 9. 6~7: 심장 불안, 맥박 130 이상

   응급실행
   섬망, 불안

- 9. 8~12: 입원, 약물 조정

   첫날 12시, 2시 화장실
   다음 날 약 줄였는데 5시까지 주무심

비몽사몽, 입맛 없어 식사량 부족, 소변량 많음

5시 이후 집 간다고 화냄

일요일 오후 오빠 친구가 병문안 옴, 엄마가 오빠 친구 기억하고 반가워함

월요일 비몽사몽, 종일 집에 간다고 해서 큰언니가 달램

아버지도 달래심, 의사는 아버지가 오시는 게 좋다고 함

아버지 오전·오후 계속 방문, 엄마 스르르 잠드심

- **9. 13: 퇴원**

  수면·심장·파킨슨병 약 처방

  집에서도 공간인지 감각 혼돈

  몸을 가누지 못함, 여전히 아줌마 가라고 함

- **9. 14: 1시간 간격으로 잠에서 깨서 나간다고 함**

- **9. 15: 인교동(엄마의 고향)에서 살고 싶다, 아들 집으로 간다, 외롭다고 함**

  오빠 달려옴

- **9. 16: 넓적다리 통증 호소, 4일간 지속됨**

- **9. 20: 응급실행, CT 촬영 후 고관절 골절 흔적 발견**

  수술 불가, 퇴원해서 몸조리하기로 함

- **9. 21: 보호자 상담, 대퇴부 골절 확인**

  집이 아니라고 함, 다시 혼돈

  우울, 무념무상

  새벽 1~3시 예전 행동 반복함

  자리에서 일어나지 못하고 식사 거부

  변비 심해짐

2017년 여름날, 그 한 달의 기록을 꺼내 볼 때마다 처참했던 기억이 생생합니다. 엄마를 추락하게 한 지옥 같은 날들이었죠. 그 원인은 낯선 타인, 상주하는 요양사를 거부해서 생긴 일이라고 해도 과언이 아닙니다. 엄마가 목욕탕에서 넘어졌는데, 유일한 구원자인 아버지는 귀가 어두워 잘 듣지 못하셨기에 오랜 시간 발견하지 못해 더욱 치명적이었죠.

하지만 24시간 돌봄 간병인이 있다 해도 치매 환자들에게는 부지불식간에 일어나는 일들이 많습니다. 가족이나 간병인이 바로 옆에 있어도 벌어질 일은 벌어진다는 얘기입니다. 아무리 엄마를 사랑하는 딸이라도 엄마의 뇌가 순식간에 오작동해서 일어나는 사고를 막을 길은 없습니다. 게다가 지병으로 심장 부정맥을 갖고 있는 엄마는 갑작스레 오는 빈맥이나 서맥으로 호흡이 힘들어질 때가 종종 있었습니다. 급사할 수 있다는 얘기를 들을 정도로 위험한 상황이었죠.

요양사가 하루에 3시간씩 올 때와는 사정이 달라져서, 함께 거주하면서 24시간 간병과 살림을 해줄 분을 구하는 데 많은 어려움이 있었습니다. 요양사를 구하기 위해서 지역 요양센터에 요청했습니다. 면접을 본 5명 중 4명이 중국 교포일 정도로 한국 사람 구하기가 하늘의 별 따기였습니다. 부득이 한국에 온 지 10년째이고, 병원에서 간병하고 재가요양보호를 했던 중국분이 입주해서 엄마를 돌보게 됐습니다.

엄마는 남의 식구가 왜 여기 와 있냐고 밤낮을 가리지 않고 타박했고, 저녁 5시 이후에는 거부 증세가 더 심해졌습니다. 요양사가 눈에 띄기만 하면 눈빛이 달라졌습니다. 식사를 차려드리고 옆에서 수발을 들 수가 없을 정도로 당장 나가라고 소리치셨습니다. 평생 엄마는 남에게 싫은 소리 잘 못 하고, 민폐 끼치지 않고 살기를 목숨만큼 소중히 여긴 분이었습니다. 그런 점을 알기에 엄마의 막무가내식 분노 표출은 이해가 되지 않았습니다. 더욱이 대응하는 과정에서 저에게도 화살이 날아오곤 했습니다.

딸: 엄마, 엄마 도와주는 분이잖아요. 같이 계셔야 해요.

엄마: 뭘 도와줘. 나한테 무슨 도움이 필요해! 빨리 안 나가고 뭐 해?

딸: 엄마, 캄캄한데 이렇게 나가라고 하면 안 되죠. 이러면 안 돼요.

엄마: (화난 표정이 됨)

요양사가 왜 필요한지, 엄마에게 무슨 도움을 주는지 설명해도 엄마는 당신 말만 계속하십니다. "왜 남의 집에 와서 잠을 자는 거냐", "이불만 더럽히고 뭐 하는 거냐"라면서요. 그렇게 생각하면 안 되고, 그런 말을 하면 안 된다는 걸 설명하면서 이해시키려고 하면 할수록 엄마의 분노는 더욱 커지는 듯했습니다.

치매 환자에게 '안 돼요'는 금기어였습니다. 해 질 무렵이면 엄마의 거부 증세가 심해질까 봐 속이 다 타들어 가는 것 같았습니다. 평생 들어보지 못한 욕까지 튀어나오니 가슴이 무너졌고, 매일매일이 무섭기만 했습니다.

올케가 아이디어를 내서 연기를 한 적도 있습니다. 요양사를 향해 왜 남의 집에 계시냐, 얼른 집에 가시라며 엄마와 같이 화를 냈지요. 엄마의 이상 행동에 동조하면서 요양사를 잠시 엄마 눈에서 사라지게 하는 작전이었죠. 때로는 효과가 좋았습니다. 그렇지만 엄마의 화가 심할 때는 방마다 돌아다니면서 찾아내는 바람에 피해 있는 것도 한계가 있었습니다. 아예 밖으로 나가서 동네 한 바퀴 돌고 들어오실 때도 있었지만 오래가지 않는 방법이었습니다.

결국 형제들끼리 의논한 끝에 요양사는 저녁을 차려드리고 약을 드린 뒤 8시경에 퇴근했다가 아침 일찍 오시게 했습니다.

엄마의 멈춰진 시간

엄마의 시계는 잠시 멈춥니다.

새벽 3시경 목욕을 하러 목욕탕에 들어가셨고,

이후 물소리가 들리더니

······

아버지는 방에 계셨습니다.

귀가 어두우시니,

엄마의 구조 요청 소리가 들리지 않으셨죠.

목욕탕 바닥에 쓰러진 엄마.

척추측만증이 심했던 엄마는

바닥에 앉으면 혼자서 일어나기 힘든 생활을 했습니다.

이전에도 어쩌다 주저앉으면 도와줄 사람이 없는

막막한 시간을 보낸 적이 있었죠.

알몸 상태에서 넘어진 데다

욕실에 갇혀 고독한 싸움을 했을 엄마.

그 공포를 어떻게 가늠할 수 있을까요?

이날의 충격은 엄마의 뇌에 치명적이었습니다.

공포의 기억은 엄마의 삶에 족쇄가 됐습니다.

엄마 집에 119 구급차가 출동했습니다. 요양사가 동거하지 않기로
한 이후 보름 정도 엄마의 이상 행동을 CCTV로 관찰해오던 언니는
새벽 3시경 안방을 나간 후로 화면에서 엄마가 보이지 않자 엄마 집
으로 달려갔습니다. 욕실 바닥에 쓰러진 엄마의 몸이 문을 막고 있어
서 열 수가 없는 상황이었습니다. 언니와 저는 엄마가 의식을 잃지 않
도록 눈물을 삼키면서 애타게 엄마를 불렀습니다. 다행히 엄마는 희
미한 목소리로 "나 좀 꺼내줘"라고 하셨습니다. 지금도 그 순간을 생
각하면 가슴이 먹먹해집니다.

밤새 엄마에게 무슨 일이 있었던 걸까요? CCTV 속 엄마는 분주했습니다. 거실로 나가서 이미 닫혀 있는 현관문이 잘 닫혔는지 보고, 부엌에 들러서 밥통에 밥이 있는지 확인하고, 건강할 때 늘 했듯이 반찬거리를 점검하는 듯 냉장고를 여러 번 열어보셨습니다. 이 행동을 수차례 반복하는 모습을 보이다가 화장실을 들락거리셨죠.

급기야 유난히도 무더웠던 2017년 여름, 섭씨 40도에 육박하는 더위에 지친 엄마는 그 새벽에 목욕을 하러 들어가셨습니다. 그리고 집 안은 이내 정지 화면이 됐습니다.

엄마는 소리쳤을 테지만, 보청기를 끼워도 잘 듣지 못하시는 아버지는 엄마에게 도움이 되지 않았습니다. 엄마 침대에 벨을 달아서 "엄마, 이걸 누르면 아버지가 오실 거예요"라고 알려드리는 방법도 해봤습니다. 하지만 이미 어떤 상황이 자신을 곤경에 빠뜨린 건지 언제 벨을 눌러야 하는지 인지할 수 없는 상태가 되셨죠.

뇌에 저장된 기억 중 안심하고 당신을 돌봐줄 사람은 남편이자 애들의 아버지였을까요? 엄마는 치매 진단 3년째인 지금 혼돈의 시간을 겪고 있지만 60년 넘게 함께 살고 있는 사람이 남편이고, 집이라는 공간에 아버지의 존재가 있는지 없는지는 직관적으로 아는 듯했습니다. 밤에 깨어서 불안해할 때 아버지가 손을 잡아주면 진정이 되기도 했으니까요.

모든 부부가 그런 것은 아닙니다. 살면서 부부의 관계가 어떠했는지가 이때 드러납니다. 아내로선 살뜰히 보살펴준 남편이었는지, 돈 문제나 여자 문제로 속 썩이는 남편이었는지에 따라 기억에 입혀진 감정이 다르겠죠. 저희 아버지는 완고하고 엄격한 스타일이고, 사회적으로 비난 받을 어떤 일로 엄마 속을 썩인 남편은 아니었습니다. 그 시절 남자들이 그렇듯이 엄마에게 결코 자상한 남편은 아니었던 것 같습니다. 그런데도 자식들을 다 출가시키고 남은 부부의 삶이 30년이 넘으니, 엄마에게 기억 저편에 뿌리 깊은 기억은 밉든 곱든 자신을 지켜줄 사람이 남편이었겠죠.

윤정미(가명) 씨의 어머니는 심리 상태가 불안할 때면 돌아가신 아버지를 찾았다고 합니다. "내가 이렇게 됐는데 아버지가 안 와본다"라고…. 이런 말을 한번 시작하면 무한 반복하셨다고 해요. 아버지는 20년 전에 돌아가셨다고 몇 번이나 이야기하다가, 아버지 사진과 산소 사진을 크게 확대해서 어머니 침대 머리맡에 붙여놓기도 했다고 합니다. 그래도 아버지가 돌아가셨다는 걸 받아들이지 못했고, 지금 아버지가 돌아가시고 곁에 없다는 사실을 믿지 않는다고 합니다. 치매 환자들이 불안해할 때 가장 안전하고, 편안한 진정제는 아마도 가족이겠지요.

엄마의 거부 3종 세트

거부 증세는 낯선 요양사에게만 나타난 것은 아닙니다. 그 외에 식사와 목욕도 거부하셨습니다. 끼니때마다 전쟁을 치러야 했죠.

> 딸: 엄마, 저녁 먹어야지. 배 안 고파요?
>
> 엄마: 안 먹어, 싫어.
>
> 딸: 그럼 엄마, 식탁에라도 가보자. 아버지 식사하시는데 엄마가 옆에 계
> 셔야지….
>
> 엄마: (아버지를 확인하는 듯 빼꼼히 부엌 쪽을 내다봄)

아버지가 식사를 위해 부엌에 계신 걸 보면 그래도 식탁으로 가긴 하셨습니다. 어렵게 발걸음을 옮기긴 했지만, 식탁에 앉자마자 반찬 그릇들을 밀어내셨습니다. 안 먹는다고 손사래를 칠 때 엄마는 영락없이 생떼를 부리는 어린아이 같았습니다. 특히 검은색 반찬은 질색했고, 노란색 반찬에 집착하셨습니다. 한동안 끼니때마다 감자 계란 샐러드만 드셨습니다. 고기류는 색깔 때문에 일절 거부하시니 감자 계란 샐러드는 유일한 단백질 섭취원이었죠. 한 가지라도 많이만 드신다면 "감사합니다" 하고 절이라도 올려야 할 판이었습니다. 워낙 식사를 어렵게 하다 보니까 드시는 양도 1/3공기 정도, 반찬을 골고루 드셨으면 하는 욕심에 엄마 몰래 밥숟가락에 반찬을 올려놓으면 대번에 소리치십니다. 그러고는 못된 아이 투정 부리듯 올려놓은 반찬을 톡톡 털어냅니다.

그런 엄마를 자주 대면하다 보면 안쓰러운 마음만 있는 건 아니었

습니다. 미운 오리 새끼가 따로 없다는 생각에 "엄마, 우리가 반찬 투정하면 엄마가 막 혼냈잖아요. 그랬으면서 지금은 왜 이래요?"라고 소리치곤 했습니다. 저도 까마귀 고기를 먹었는지 순간순간 엄마의 치매를 잊곤 했습니다.

뭔가를 가르치고 이해시키려 하면 엄마는 더 화를 내셨습니다. 하고자 하는 일에 꽂히면 치매 환자들 대부분은 어떤 설명도 들으려고 하지 않습니다. 오로지 자신을 지지해주는 사람이 말할 때 비교적 화를 가라앉힐 수 있습니다. "엄마, 이거 먹기 싫구나. 그럼 이건 먹지 마세요" 하고 기다리는 겁니다. 안 먹겠다고 떼를 쓰다가도 가족이 엄마 밥 먹는 것에 집중하지 않고 딴청을 부리면 엄마는 스스로 밥숟가락을 들기도 합니다.

딸: 엄마. 왜, 입맛이 없으세요?

엄마: (대답을 하지 않음)

딸: 그래도 드셔야 약을 먹죠.

엄마: (반찬 그릇을 밀어냄)

딸: 그것만 드시면 영양이 부족한데…. 불고기 좀 드셔보세요.

엄마: (손사래를 치고는 감자 계란 샐러드 그릇을 끌어당김)

딸: 엄마, 이것만 맛있어요?

식사를 거부하는 엄마 때문에 어떻게 하면 식사를 하시게 할까 여

기저기 답을 찾아 헤맸습니다. 여러 곳을 뒤지다가 대한치매학회 인터넷 상담 창에 오른 질의응답을 봤습니다. 식사의 어려움이 입안에 염증이나 치아 문제인지 확인하고 변비 증세도 살펴보라고 하더군요. 신경 계통의 약 대부분은 변비 부작용이 있는데 엄마는 2~3일에 한 번씩 변을 보셨고, 변비 예방을 위해 산화마그네슘을 처방받아 드시고 있었기 때문에 그 때문은 아니었습니다. 엄마가 평소에 좋아하시는 반찬을 주로 만들어 식사를 유도하기도 했는데요. 예전에 잘 드시던 아욱국이나 미역국, 불고기 반찬과 같이 검은 색깔의 반찬은 유독 "왜 이리 시커멓노?" 하면서 저만치 밀쳐놓으셨습니다. 신체적인 어려움 때문에 식사를 거부하는 것 같지는 않았으며, 음식 색깔에 민감하게 반응했고 특히 노란 빛깔의 음식에 집착했습니다. BPSD의 일종이 아닌지 의심스러웠습니다.

어떤 때는 어린아이가 원하는 것을 쟁취하지 못했을 때 하는 강한 훈육 방법이 좀 효과가 있었습니다. 떼를 부릴 때 모른 체하고 아이의 감정이 스스로 진정될 때를 기다리는 방식입니다. 예전에 엄마가 나를 돌보던 것처럼 이제는 거꾸로 딸이 엄마를 아이처럼 생각하고 대처해야 했습니다. 그렇다고 그 방식이 항상 유효했던 건 아닙니다. 엄마의 뇌는 아이보다 훨씬 오랜 시간 경험하고 학습한 기억과 감정 그리고 행동 방식들로 채워져 있으니까요. 그것들이 사라지는 동안에도 그 깊은 뿌리는 살아 있기 때문에 아이처럼 순조롭게 잘못된 행동을 바꿀 수는 없었습니다.

노란색의 환희 '계란과 호박죽'

한 달 넘게 엄마는 반찬으로 감자 계란 샐러드만 드셨습니다. 이전에도 감자로 만든 음식은 잘 드셨으니, 익숙한 맛을 찾으시는 건지 정확히 알 수는 없습니다. 검은색 반찬을 마다하면서 생긴 집착에 가까운 편식인데, 입맛이 없는 가운데 그래도 노란빛의 시각적 자극이 엄마의 뇌에 꽂혔을까요? 그 후 또 한 달 넘게는 호박죽만 드셨습니다.

노란색 반찬이 뭐가 있을까? 단백질을 섭취하려면 육류와 생선, 해산물을 먹어야 하는데 아프시기 전에도 별로 좋아하지 않던 음식이라 한두 젓가락 드시게 하기도 힘들었습니다. 무엇이라도 드셨으면 하는 마음에 다양한 반찬을 실험해봤지만, 결국 그나마 조금씩이라도 젓가락이 닿는 것은 오래전부터 먹어온 익숙한 반찬들이었습니다. 엄마의 경우는 감자조림, 감자채볶음, 감잣국 등 감자로 만든 음식이었죠.

엄마는 식사가 부실해지면서 몸무게도 줄었습니다. 그리고 기운이 없으니 점점 움직이기를 싫어하셨습니다. 몸을 움직이기 싫어하면 자연히 팔다리 근육이 굳고, 일어서서 화장실 가는 것도 어려워지는 악순환이 계속됩니다. 사실 많은 치매 환자가 엄마와는 반대로 밥을 먹고 나서도 먹은 걸 잊어버리고 계속 밥 달라고 하는 증세를 보입니다. 그래서 저도 엄마처럼 식사를 거부할 수도 있다는 생각은 하지 못했습니다.

밥 먹기는 거부하면서 시도 때도 없이 냉장고에서 식혜를 꺼내 드시는 박성미(가명) 씨의 어머니도 거부의 다른 이름인 집착증을 보이는 것 같았습니다. 그분도 밥과 반찬을 먹으며 제대로 식사를 하지 않고 한동안 식혜만 드셨다고 했습니다.

저와 같은 막내딸 입장에서 쓴 《엄마, 나는 잊지 말아요》의 저자인 하윤재 씨는 인터뷰에서 "엄마가 식사나 약을 거부할 때와 같이 어려운 순간은 어떻게 견뎠나요?"라는 질문에 "단순하게 생각하기"라고 답했습니다. 그녀는 어렸을 때 장난기가 많아 부모님 속을 많이 썩였다고 합니다. 저녁마다 잠자리에 들기 전 어머니께 기저귀를 채워드리는데, 기저귀 안 간다고 고집 피우실 때면 "내가 어렸을 때 이거보다 더했을 텐데 엄마가 복수하고 싶었나 보다, 이런 식으로 단순화해요"라고 말합니다. 치매 엄마를 돌보는 딸이라면 누구나 공감하는 이야기가 아닐까요?

'단순하게 생각한다'라는 말의 의미는, 식사 때 가족이나 요양사와 치매 환자 간의 실랑이는 식사 후의 약 복용에도 안 좋은 영향을 미치기 때문에 너무 예민하게 대처하지 않는 게 좋다는 조언입니다. 신경 계통의 치매 약은 상당히 독해서 균형 잡힌 식사를 해야 한다는 강박관념이 가족들을 더 과민하게 하죠.

문화평론가이자 칼럼니스트로 활동하는 나관호 씨는 식사를 거부하시는 어머니를 다양한 방법으로 유도한 경험을 이야기했습니다. 식사를 안 하시면 안 된다고 바른 소리를 하기보다는 어머니의 생각을 받아들이고 새롭게 식사하실 수 있도록 하는 게 좋다고 권했습니다. 처음에는 나관호 씨도 어머니의 식사 거부 반응에 바른 행동을 알려드리려 했다고 합니다. 그러나 그런 방식은 오히려 역효과가 나기도 했죠. 억지로 식사를 하시면 배탈이 나거나 소화력이 떨어져 체하기도 하셨답니다. 신진대사는 역시 마음 상태가 우선인 것 같습니다. 저도 엄마가 한 술이라도 더 뜨시게 하려고 눈속임으로 반찬을 올려놓기도 하고, 강제로 입에 넣어드리기까지 한 적도 있었습니다. 떠먹여 주는 걸 무척이나 자존심 상해하셨던 엄마는 그런 날이면 소화를 못 시켜 체하곤 하셨죠.

엄마는 왜 식사를 거부하는지, 배가 고픈 걸 모르는 건지, 약을 많이 드시니까 입이 써서 밥을 먹고 싶지 않으신 건지 여러 가지 추측을 해볼 뿐입니다.

식사를 거부하는 이유

치매 말기에 이르면 씹는 능력, 삼키는 기능이 떨어져 음식을 못 드시게 된다고 합니다. 때로는 약의 부작용으로 입이 마르고 메스꺼움이 생기기에 입맛이 없어서 먹는 걸 거부한다는 얘기도 들었습니다. 엄마의 경우 식사 거부가 가장 심했던 시기는 엄마를 집중적으로 관찰 보호하기 시작한 지 얼마 안 된 시점이니까, 상주하는 요양사를 두고 엄마를 집중 케어한 지 1년 정도 된 시기였습니다.

2년이 넘어가면서 거부증이 한 가지 더 늘었습니다. 약입니다. 엄마는 잠을 자야 할 때 잘 수 있게 도와주는 약, 인지력을 잡아주는 약, 손 떨림과 몸의 경직을 완화하는 파킨슨병 약, 감정을 조절해주는 약을 하루에도 몇 번씩 드셨습니다. 하루 한두 번 놓치면 갖가지 증세가 엄마를 괴롭혔습니다. 언니와 저는 매일 저녁 엄마 저녁 약 드시게 하기 대작전을 펼쳐야 했습니다. 약의 쓴맛을 느껴서 어린아이처럼 거부하시는지, 일부러 거부하시는지 알고 싶었습니다. 가끔 정신이 맑을 때면 "이렇게 마음대로 움직이지도 못하면서 살아서 뭐하나" 하며 한탄을 하실 때도 있었기에 일부러 약을 거부하실 수도 있다고 생각했습니다. 둘 다 이유가 될 수 있다고 생각합니다.

알약으로 된 약을 그냥 손에서 털어 넣어 드시게 하니, 약을 삼키지 않고 뱉습니다. 다시 드리려고 하면 입을 벌리지 않으십니다. 알약을 갈아서 숟가락으로 입안에 넣어드려도 봤습니다. 그렇게 몇 차례 약과 실랑이를 벌이는 동안 엄마는 화가 솟구칩니다. 투약 성공률은 점점 낮아지죠. 저는 또 뇌가 아픈 엄마라는 걸 잊고, 약 안 먹는 아이 대하듯 얼러도 보고, 무서운 표정으로 화도 내봅니다. 물론 그 순간에는 어떤 방법도 통하지 않습니다. 결국 약 먹이기에 실패하죠. 어린아이 약 먹일 때 사용하던 주사기 같은 걸 찾아보기도 했지만, 입을 벌리지 않으면 어떤 방법도 쓸 수가 없습니다. 고민 끝에 의사 선생님과 상담을 했습니다. 설탕을 타서 드려보라는 조언이었습니다. 약을 갈아 설탕을 타서 그대로 드렸는데, 우선 약이라는 걸 눈으로 보고 확인하는 순간 거부하셨습니다.

그래도 몇 달째 유효했던 방법은 식사 시작할 때 호박죽 몇 숟가락에 설탕과 약을 갈아 넣어 드리는 겁니다. 단맛을 느끼게 하기 위함인데, 의사 선생님이 엄마는 당뇨가 없으니 설탕 요법을 써보는 것도 나쁘지 않다고 하셨습니다. 모든 치매 환자가 약을 거부할 때 설탕을 넣어 드셔도 되는 건 아닙니다. 환자가 가진 지병이 무엇인지에 따라 약에 설탕을 타서 드리는 건 나쁜 방법일 수도 있죠. 몇 숟가락을 빠르게 먹여드린 후 약을 타지 않은 죽이나 밥을 드리면 그대로 식사를 하셨습니다.

식사 거부가 줄어든 건 엄마가 배가 고플 때 스스로 숟가락을 들도록 기다려주고, 한동안 노란색 반찬으로 엄마의 눈을 유혹하고, 약 부작용을 잡기 위해 메스꺼움을 줄이는 약을 함께 복용하게 했기 때문입니다. 식사량이 너무 적다 싶을 때는 영양보조제를 함께 드시게 하면서 엄마의 신체적인 건강 상태를 유지시켰죠. 결정적인 도움은 우울 감정을 조절하는 약을 드신 후부터였습니다. 아이러니하게도 약의 부작용이 식욕을 일으키는 효과가 있었던 겁니다.

▶ 치매 엄마 밥 먹이기 TIP

· **눈속임 작전:** 주의를 환기하면서 반찬을 골고루 드시게 하는 방법입니다.

· **설득법:** 약을 드셔야 한다거나 밥을 드셔야 기운이 나서 걸을 수 있다는 설명은 가끔 효험이 있기도 했습니다. 감정 상태가 나쁘지 않고, 인지력이 좋을 때 그렇습니다.

· **욕심 내려놓기:** 무엇이든 억지로, 강제로 하면 역효과가 납니다. 엄마가 체했는데 화를 내면서 거부할 때가 있습니다. 보호자는 이럴 때 과욕은 금물입니다. 어느 정도 드셨다 싶으면, 식사를 거부하는 엄마의 심정을 헤아려주면서 더는 권하지 않는 방법입니다.

· **좋아하던 음식:** 예전에 즐겨 드셨던 음식을 드려봅니다. 맛있다는 기억이 살아나 드실 수도 있습니다.

· **맛이 강한 음식:** 입맛 돋우는 단맛과 짠맛의 음식을 드려봅니다. 미각이 약해지기 때문에 강한 맛은 드실 수도 있습니다.

뇌는 왜 거부할까

보고, 듣고, 느끼고, 맛보고, 냄새 맡고 등 엄마의 오감은 제대로 작동하는 걸까요? 엄마의 유별난 거부 증세는 간병하는 이들을 많이 힘들게 했습니다. 낯선 사람 거부, 식사 거부, 약 거부 등의 증세는 모두 엄마의 생존과 직결된 거부 증세들이기 때문입니다. 시각·미각·후각·청각·촉각의 다섯 가지 감각 정보가 제대로 뇌에 입력되어서 통합적으로 분석해야 행동으로 나오는데, 이런 거부 증세를 보인다는 것은 감각 정보를 처리하는 과정에 문제가 생긴 것이 틀림없습니다.

저희 엄마처럼 뇌혈관성 치매로 전두엽에 문제가 생기면 전두엽 하단과 두정엽 쪽에서 관장하는 후각과 미각이 상실돼 입맛에 변화가 오게 됩니다. 맛을 느끼는 말초 감각신경이 손상된 상태이기 때문에 후각과 미각을 제대로 느끼지 못하고, 식욕이 떨어져 평소 안 먹던 단맛이 강한 음식을 찾게 된다고 합니다.

엄마는 아프기 전 식생활 습관이 삼시 세끼 정량의 식사를 하고 간식을 잘 즐기지 않는 것이었습니다. 그런데 요즘 들어서는 약과와 호박엿 같은 단맛의 간식이 눈에 보이면 적극적인 식욕을 보입니다. 저희는 엄마의 변화가 놀라웠습니다. 굳이 치매라는 병에 걸리지 않더라도, 인간은 늙으면서 대부분의 사람이 혀의 노화를 경험하게 됩니다. 혀의 유두가 위축되면서 미각의 변화가 일어나는 것인데요. 혀끝에서 두드러지게 느끼는 단맛과 짠맛이 덜 감지되고, 반대로 신맛과 쓴맛에는 더욱 예민해집니다. 엄마도 아프기 전 언젠가부터 입이 쓰다는 말씀을 자주 하셨습니다. 짠맛을 잘 느끼지 못해 점점 짜고 자극적인 음식을 찾게 되는 이유도 입이 쓰기 때문입니다.

보통 45세 전후로 미각 세포가 감소하고 퇴화해 맛을 느끼는 능력이 떨어집니다. 미각이 둔감해지는 또 다른 이유는 약을 과다 복용하는 경우입니다. 약을 많이 먹으면 미각 세포의 재생에 중요한 역할을 하는 아연을 몸 밖으로 배출시켜 미각을 둔하게 할 수도 있습니다. 엄마처럼 약물 부작용으로 입마름이 심해지면, 침이 부족해 혀의 미각 세포 내 감각수용기에서 단맛·쓴맛·신맛·짠맛 등을 감지하기 어려워집니다.

낯선 사람과 식사를 거부하는 것은 엄마의 뇌가 신체와 외부 환경에서 들어오는 감각 정보를 받아들여 기억의 어떤 점과 연결시켜 반응하느냐에 달려 있습니다. 연결점에는 시각 정보와 청각 정보, 후각 정보까지 포함됩니다. 낯선 아주머니의 음성, 몸동작, 생김새, 엄마를 대하는 태도, 그리고 음식은 냄새와 색깔이 가장 기본적인 정보가 되는 거죠. 그렇다면 뇌는 이런 감각 정보를 어떻게 처리할까요?

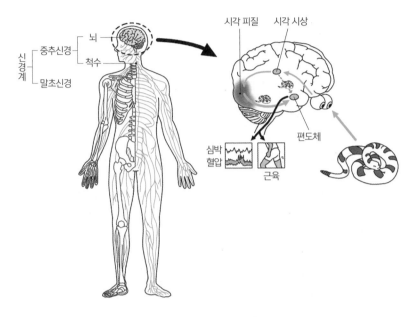

시각 정보 처리 경로[1]

　몸의 신경계는 중추신경과 말초신경으로 이루어져 있습니다. 중추
신경이란 뇌와 척수를 말하며, 모든 것을 판단하고 지령을 내리는 신
경입니다. 그리고 중추신경에서 온몸으로 뻗은 신경섬유를 말초신경
이라고 합니다. 말초신경이 중추신경에 신호를 보내면, 중추신경은
그 신호를 처리해서 다시 말초신경으로 보냅니다. 말초신경에서 감
각 정보를 전달받아 중추신경에서 판단한 후 운동신경으로 지령을
내리면 몸의 움직임으로 이어지죠.

신경은 신경세포와 신경섬유가 모인 것으로, 모든 정보는 전기신호로 변환되어 신경세포에서 신경세포로 전달됩니다. 감각기 정보를 지각해서 운동신경에 전하는 것이 말초신경 중 체성신경의 역할입니다. 예를 들어 숲속에서 뱀을 봤을 때 뱀에 대한 정보가 시각 피질로 전달되면, 편도체와 정보를 교류해 공포 감정을 불러오고 심장박동을 빠르게 하고 근육을 긴장하게 하는 과정을 말합니다.

▶ **신경계의 기능**

- **말초신경**: 어떤 정보를 전하느냐에 따라 체성신경과 자율신경으로 나뉜다. 체성신경은 감각기에서 정보를 받아들이거나 운동 명령을 전달하는 신경으로 감각신경과 운동신경이 있다. 자율신경은 본인의 의사와 상관없이 내장이나 혈관의 기능을 조정하는 신경으로 교감신경과 부교감신경이 있다.
- **뇌신경**: 12쌍의 말초신경으로, 머리 부분의 운동 기능과 감각 기능 담당한다.
- **시신경**: 망막의 빛 자극을 뇌로 전달한다.
- **후신경**: 후각 정보를 뇌로 전달한다.
- **척수신경**: 31쌍의 말초신경으로, 머리 부분을 제외한 온몸의 운동과 감각 기능 담당한다.

우리는 보통 감각을 통해 세상을 경험하는데, 감각 정보는 뇌에서 처리합니다. 시지각, 청각, 전정 감각, 촉각을 포함한 체감각, 후각, 미각은 기존의 기억과 비교해서 감정을 만들고, 통합하거나 추론 및 계획을 실행해서 말하거나, 행동하게 합니다. 오감은 중추신경을 통해 정보를 전두엽에 전달하는데요. 이때 중추신경은 뇌와 척수를 말하

는 것으로, 입력된 감각 정보는 해마에서 종합적으로 사고할 수 있도록 기억을 불러모읍니다. 이런 과정을 감각통합 처리 과정이라고 하며 입력, 통합, 출력으로 구분할 수 있습니다. 외부 환경에서 들어오는 정보, 즉 시각·청각·후각 등의 감각 정보를 모아서 처리하는 뇌 기관이 전전두엽(앞이마엽)입니다. 이곳에서 '배가 고프다, 목이 마르다'와 같은 기본적인 욕구나 과거 경험, 기억, 정보 등을 통합하여 판단합니다.[2]

몸의 감각기관에서 입력된 정보가 대뇌로 전해질 때는 항상 시상을 거치는데요. 시각 정보와 청각 정보 모두 일차적으로 시상을 거쳐 대뇌 어느 부위에 신경이 연결되느냐에 따라 정보 처리 루트가 달라집니다. 앞서 시각 정보가 기억과 연결되는 경우의 정보 처리 과정에서 설명한 것과 같습니다.

감각 정보의 통합 분석이 제대로 되면, 다음과 같은 과정을 거칩니다. 배가 고프다고 느껴지면 숟가락을 들고 먹어야 하겠죠. 맛있게 만들어준 사람의 성의를 봐서라도 맛있는 표정으로 먹어야 한다는 판단과 예전에 먹었던 감자채볶음이 맛있었다는 기억을 불러들여 젓가락이 가는 행위로 이어지면, 뇌의 정상적인 감각 처리가 된 것입니다. 이때는 뇌의 운동영역이 전두엽의 판단을 근거로 하여 행동으로 출력하는 겁니다. 그게 엄마의 젓가락질이고, 맛있다는 표정입니다.

감각 처리에 오류가 생기다

식사를 거부하는 많은 치매 환자와 저희 엄마처럼 낯선 간병인을 거부하는 증세는 아마도 감각통합 장애가 아닌가 싶습니다. 감각 처리 과정에 문제가 있어서 간병인의 표정과 말투를 지각하는 데 오류가 일어났기에, 아무리 당신에게 도움을 줄 분이고 친절한 사람이라고 이야기해도 학습이 되지 않습니다. 감정 기억이 부정적으로 저장되어 있다면, 현재 시점에서 엄마에게 들어오는 시지각과 청각 정보인 '간병인'을 받아들이려면 기억의 깊은 곳에 자리한 부정성을 수정하여 종합적인 판단과 사고가 되어야 합니다. 그런데 그 부분에서 장애를 일으키는 거죠.

감각 입력	감각 처리	감각 출력
눈(시지각)	기억과 비교 감정 조절 좌 · 우뇌 처리 통합, 추론, 계획, 실행	소뇌 기저핵 전 운동영역 말하기, 쓰기, 행동하기
귀(청각, 전정 감각)		
체감각 (촉각, 고유수용성 감각, 내장 감각)		
미각		

엄마의 뇌는 감각통합 장애, 즉 신체와 외부 환경에서 들어오는 감각 정보를 지각하는 데 결함이 생기고 뒤따르는 학습이 안 되어 행동을 수정하기가 어려워졌습니다. 인간의 감각 시스템은 피라미드 구조입니다. 피라미드 맨 윗부분에 고등 과정의 지적 능력이 있다면, 맨

하위에 감각의 뿌리 같은 '전정 감각'과 '고유수용성 감각'이 입력되어야 운동성이 작동하게 되는 시스템입니다.

> **▶ 전정 감각과 고유수용성 감각**
>
> **• 전정 감각이란?**
> 전정기관의 구조를 살펴보면 이해가 된다. 전정기관은 귓속 내이에 있고, 소리를 처리하는 달팽이관과 한 몸이나 마찬가지다. 왜냐면 이 둘 다 진동을 처리하기 때문이다. 전정부는 낮은 진동수에 반응하고, 달팽이관은 높은 진동수에 반응한다고 알려져 있다. 전정 감각의 역할은 모든 감각의 뿌리가 되어 머리와 신체의 움직임, 안구 움직임, 공간 인식, 방향성, 근의 긴장성에 관여할 뿐 아니라 정서적으로 불안감과 주의력에도 관여한다.
>
> **• 고유수용성 감각이란?**
> 전정 감각과 마찬가지로 신체 내부에서 일어나는 감각으로, 근육의 수축과 이완을 감지한다. 이 감각에 문제가 있으면 운동성에 문제가 생긴다. 어떤 상황에 대해 사고하고, 어떻게 하면 되겠다고 운동 계획을 세우는 기능을 한다. 운동 계획은 예측을 기반으로 구성되므로 예측은 사고력에 매우 중요한 기능을 한다. 던지고, 받고, 글씨를 쓰는 등의 행동은 고유 감각과 시각이 협응해야 제대로 할 수 있다.[3]

감각이 생길 때 갑자기 어디서 툭 튀어나오는 것이 아니라 기존에 있던 감각에 기대어 만들어진다는 점에 주목할 필요가 있습니다. 시각·청각·미각·후각·고유 감각 모두 전정기관에 뿌리를 두고 있는데, 전정 감각 데이터를 가져다 사용할 때 기억의 오류가 발생하면 나머지 감각도 제대로 입력되기가 어렵다는 얘기입니다.

낯선 간병인에 대한 엄마의 거부 증세를 전정 감각과 고유 감각으로 이해하자면, 과거부터 계속되어온 가족 이외의 타인에 대한 거부감이 자리하고 있었습니다. 아무리 집안일을 도와주는 사람이라도 외부인은 낯선 사람이고, 식구처럼 함께 지내기에는 불편한 존재라는 기억의 뿌리를 갖고 있는 상태죠. 그 상태에서 당신이 몸이 불편하다는 현실은 아랑곳하지 않고 자기를 따라다니면서 수발하거나 부축을 해줘도 싫다는 감정에 집착하게 되는 것 같습니다. 전정기관에 저장된 데이터가 정서적 불안과 긴장일 때 현재 들어오는 감각 정보를 잘못 해석하게 되고, 그것이 나쁘다는 감정으로 표출되는 거죠.

뇌를 변화시킬 골든타임

낯선 요양사를 거부하시니 식사 때마다 전쟁을 치러야 했습니다. 당연히 목욕을 할 때 역시 손도 못 대게 하셨죠. 그러더니 나중에는 목욕하는 행위 자체를 거부하셨습니다. 평소에 청결하셨던 엄마가 1~2주가 지나도록 목욕을 하지 않았고, 목욕하자고 하면 진저리를 치며 화를 내셨습니다.

딸: 엄마, 머리에서 냄새 나네. 머리 감읍시다!
엄마: 어데… 어제 목욕 다 했는데.
딸: 어제? 엄마 어제 목욕 안 했어요. 나 있을 때 목욕해요.

엄마: (손을 뿌리치면서) 안 해, 귀찮아.

딸: 아, 어떡하지….

목욕을 거부하는 이유가 뭘까요? 목욕이 왜 싫은 걸까요? 당신이 혼자 못 하니 요양사가 도와준대도 싫어하시고, 딸인 제가 어떤 말로 유혹해도 귀찮아만 하십니다. 한 번 두 번 실패하고 돌아설 때면, 집에 와서도 몇 날 며칠 엄마를 씻겨야 한다는 강박에 시달렸죠.

'목욕하기를 싫어하는 치매 할머니를 어떻게 하면 목욕시킬까?' 여기저기 답을 찾아 헤맸지만 뾰족한 수를 찾지 못했습니다. 화장실 가셨을 때 소변이 묻었다거나 물이 묻었다는 이유 등을 대면서 급하게 옷을 벗겨본 적도 있습니다. 엄마가 몸부림을 치고 손으로 때리며 분노하셨지만, 온몸으로 맞을 수밖에 없었습니다. 그래도 엄마 목욕시키기 대작전에 성공하면 며칠은 씻길 걱정을 덜 수 있었으니까요.

거부 3종 세트, 배회, 물건 수집, 의심증은 제가 만난 사례자들의 어머니에게 한 가지 이상씩 나타나는 공통 증세였고 돌보는 딸들을 곤경에 빠지게 하는 증세들이었습니다. 감정을 지배하는 컨트롤타워인 뇌 부위가 손상됨으로써 생긴 BPSD 행동입니다.

치매 진행을 늦추기 위해서는 뇌를 자극하고 몸을 움직이는 활동을 많이 하는 것이 좋습니다. 손 움직임으로 할 수 있는 뜨개질이나 온몸을 쓰는 댄스, 에어로빅처럼 음악과 함께하는 운동 또는 새로운 언어를 배우는 학습 훈련 등이 뇌 자극에 도움이 된다는 것은 임상 연구

결과로 나와 있습니다. 요즘은 이를 실천하는 어르신들도 많아졌죠. 물론 예방 차원에서 하는 분들이 대부분인데요. 치매 조기 진단을 받은 분들은 지방자치단체에서 운영하는 데이케어센터에 다니면 이런 활동 프로그램을 자연스럽게 접할 수 있습니다. 병증의 정도에 따라서 인지와 감정 그리고 운동이 가능한 시기에 권해볼 수 있습니다.

엄마는 거동이 가능했던 시기에도 장을 보러 간다든지 은행 일을 보는 것과 같은, 일상생활에 필요한 최소한의 활동 이외에는 거의 하지 않았습니다. 그러니 데이케어센터를 가는 건 생각도 못 했습니다. 엄마의 내성적이고 비사교적인 성격도 문제였지만, 엄마의 뇌는 가족이 아닌 외부인이 자신을 도와줄 필요가 있다는 사실을 인지하지 못했고 오히려 과격하게 거부했기 때문이죠.

엄마는 며느리와 함께 간 병원에서 서로 길이 엇갈려 길을 잃을 뻔한 적이 있습니다. 엄마가 86세 겨울 무렵이었죠. 엄마의 뇌에 엄청난 병마가 찾아왔다는 경고를 해준 사건이었습니다. 어쩌면 엄마는 알고 있으면서도 받아들이지 않았던 건지도 모릅니다. 엄마는 장을 보고, 반찬을 만들고, 식탁을 차리고, 세탁기를 돌리는 등 아버지와 함께 두 분이 생활하는 데는 큰 지장이 없을 정도로 일상생활을 하셨습니다.

그러나 엄마의 살림살이를 속살까지 헤집고 들어가면 전혀 다른 모습이었습니다. 주방 도구들은 제대로 정리되지 않은 채였고, 구석구석 버려야 할 물건들이 고물상처럼 먼지를 뒤집어쓰고 있었으며,

평생 신문을 즐겨 보던 엄마의 침대 머리맡에는 몇 달 전 신문과 영수증과 휴지 더미들이 눈살을 찌푸리게 할 정도로 쌓여 있었습니다. 사실상 언젠가부터 살림살이가 엉망이 되어가고 있었던 겁니다. 자주 들락거린 친정집인데도 출가한 자식들 눈에는 두 분이 그런대로 삶을 꾸려가고 있었던 것처럼 보였습니다.

엄마가 심장 및 신경과 진료를 위해 10여 년간 정기적으로 다녔던 병원 안에서 길을 잃었다는 게 믿기지 않았습니다. 엄마를 찾은 건 병원 CCTV를 통해서였습니다. 정처 없이 병원 정문을 나서는 모습이 CCTV에서 확인됐습니다. 순간, 하늘이 무너지는 심정이었습니다.

뇌가 조금씩 녹슬고 있던 치매 초기에 가족이 온종일 엄마에게 매달려서 인지력 향상을 위해 자극을 줄 수 있으면 좋겠지만, 저를 포함한 두 딸이 모두 일을 하고 있다 보니 사정이 녹록지 않았습니다. 물론 전문성이 떨어지기도 하죠. 그래서 방문해서 인지 훈련을 해주는 사람을 찾았습니다. 예상대로 엄마는 기겁을 하고 화를 내셨습니다. 인지 훈련을 해줄 요양사가 인지력 향상에 좋다며 퍼즐 판을 펼치는 순간 엄마는 자존심이 상한 듯 "이게 다 뭐냐?"라고 하셨습니다. 요양사는 어떻게든 퍼즐 맞추기를 해보려고 여러 번 시도했지만, 엄마는 관심을 두지 않았습니다. 왜 이런 걸 해야 하는지 자존심이 상하기도 한 데다 낯선 요양사의 말을 들을 리 만무했습니다. 뇌를 자극하는 활동을 하면 좋을 텐데 엄마는 그 기회를 갖지 못했습니다. 지금도 돌아보면 안타까운 시간입니다.

딸 넷의 맏이인 윤정미(가명) 씨도 지나온 시간을 돌이켜 보면 어머니가 간병인을 심하게 거부했다고 합니다. 뇌경색으로 인해 혈관성 치매가 찾아온 83세 어머니는 치매 판정을 받은 지 5년째입니다. 가정에서 치매 부모를 돌볼 때 거부 증세는 참으로 가족을 애태우는 집착증입니다. 일종의 강박 장애와도 같습니다. 간병인이 독약을 먹이려 한다고 신고해서 경찰이 출동한 적도 많았다니 말입니다. 그럴 때마다 간병인을 몇 번이고 바꿀 뿐, 인지 훈련을 따로 받지 못한 채 시간을 흘려보낼 뿐이었습니다.

4장

엄마의 뇌에
'분노'를 묻다

엄마가 분노할 때

　치매 초기에 엄마의 감정을 이해할 수 없던 일들은 모두 거부 증세에서 일어났습니다. 당신의 거부를 보호자가 거부할 때 표출하는 화였죠. 누구도 상대의 내면에서 일어나는 감정을 세세히 읽을 수는 없습니다. 그렇게 거부 3종 세트를 겪으면서 엄마의 상태는 한 단계씩 나빠졌습니다. 어느 순간 가족 모두 엄마의 회복에 대한 기대 수준이 소박해졌습니다.

　특히 골절이 일어난 이후 제 소망은 엄마가 화장실을 걸어서 다닐 정도, 그리고 휠체어 타고 햇볕 쐬러 나갈 정도로 작아졌습니다. 신체 기능적으로는 워커에 의존해 화장실을 다닐 정도로 재활이 됐고, 한동안은 침대 난간을 잡고 혼자 상체를 일으킬 정도로 힘이 생겼죠. 휠체어에 앉아서 휠체어 안전벨트를 풀려고 용을 쓰기도 했습니다. 그 또한 위험천만한 일이라 잠시라도 눈을 뗀 사이에 넘어질까 저는 좌불안석이었습니다.

엄마의 감정 상태는 우울증이 깊어가는 듯했습니다. 감정 상태가 들쭉날쭉 진폭이 커지면서 일어나서 걷는 데 자신이 없어졌고, 침대에서 일어나려고 하질 않으셨습니다. 억지로 걷게 하려고 워커를 들이대고 일으켜 세우면 겨우 발걸음을 떼긴 했는데 새롭게 관찰된 증세가 있었습니다. 수술한 고관절은 오른쪽인데, 왼쪽 다리를 유난히 질질 끌면서 힘겨워하시는 것이었습니다.

설상가상으로 엄마에게 병명이 하나 더 생겼습니다. 운동 장애가 먼저 나타나는 파킨슨병이 찾아온 겁니다. 파킨슨병 약이 하나 더 추가됐죠. 기분이 괜찮은 시간이 점점 줄어들었습니다. 엄마가 깨어 있는 시간이면 제가 엄마 앞에서 재롱을 부려봅니다. 불과 1년여 전에 당신이 가사를 적어놓은 메모지를 들고 노래를 부르며 동참을 유도합니다.

딸: 커피 한잔을 시켜놓고 그대 오기를 기다려봐도 웬일인지 오지를 않네.
(엄마가 재미있게 표현하던 가사) 내 속을 썩이는구려.

하지만 엄마는 무표정입니다. 다시 한번 도전합니다. 엄마가 즐겨 읊조리던 시구, 김소월의 '초혼'으로 엄마의 뇌 어딘가에 저장되어 있을 정서를 깨우고 싶었습니다.

딸: 산산이 부서진 이름이여!

허공중에 헤어진 이름이여!

불러도 주인 없는 이름이여!

부르다가 내가 죽을 이름이여!

지난해에는 몇 구절 읽다 보면 어느새 엄마도 따라서 뒤 구절을 읊조렸는데 이제는 묵묵부답입니다.

수치심 vs 동작 동결

엄마의 분노가 극도로 치솟은 때는 대소변 실수를 할 때였습니다. 고관절 골절로 입원했을 때 2주간 꼼짝없이 누운 채로 대소변을 보셨습니다. 그래서 퇴원 후에도 혹여나 화장실에 가서 볼일을 보는 걸 잊을까 봐 아직 다리가 편치 않지만 가능하면 변기를 사용하게 하려고 모두 애를 썼습니다. 밤에 잘 때는 변의나 요의를 느끼더라도 바로 일어나서 볼일을 볼 수 없기 때문에 기저귀를 채워드렸고요.

밤사이 소변 실수를 종종 하셨는데, 아침에 기저귀를 갈려고 하면 그야말로 난동을 부리셨습니다. 어느 날에는 약간 묽은 대변을 누운 채로 실수를 하시는 바람에 집 안에 냄새가 진동했습니다. 엄마는 손도 못 대게 할 뿐 아니라 무슨 말을 해도 이불을 턱까지 올리고 들은 척도 하지 않으셨습니다. 2년여 동안 엄마의 변화 과정을 가까이서 지켜본 딸이지만, 수치심에 몸서리치는 엄마와의 한판 육탄전은 피할 수 없는 일이 됐습니다.

억지로 옆으로 눕히고 처치를 하는 동안 저는 치매 진단을 처음 받고 이상 행동을 목격했을 때와 또 다른 감정으로 화가 치밀었습니다.

"왜 이러세요. 자꾸 왜 이러냐고. 이거 갈아야지, 엄마!"

그렇게 소리를 질렀습니다. 엄마의 양손을 붙들고 "엄마가 실수를 해서 좀 닦아야 해요"라며 울부짖었죠.

사실 엄마가 왜 화를 내는지는 짐작하고도 남았습니다. 정신이 오락가락했지만 잠깐씩 돌아오는 정신에 자신이 대변 실수를 했다는 사실 자체가 자존심 상했고, 남에게 자신의 아랫도리를 맡겨야 하는 상황이라는 걸 알고 성적 수치심에 몸서리를 치는 것이었습니다. 거의 광기 어린 저항은 말로 형용할 수 없을 정도였습니다.

엎친 데 덮친 격으로, 그나마 마음에 맞아 하셨던 요양사가 허리를 삐끗해서 일을 그만두시는 바람에 새로운 요양사가 왔습니다. 또다시 낯선 아주머니에게 대소변 처리를 맡겨야 하는 상황이 됐으니, 엄마의 분노 감정은 제어할 길이 없었습니다. 오래 놔두면 욕창이 생길까 봐 기저귀를 갈아야 하는데 딸인 저도 어찌할 도리가 없었습니다.

'이쯤 되면 요양원에 모셔야 하는 걸까?' 혼자 생각하다가, '그럼 엄마와 이별을 해야 하는데…' 하는 잡다한 상념이 밀려들었죠. 한동안은 저 역시 엄마만큼 혼란스러웠습니다. 당시 제 딸아이는 대입시험 준비 막바지여서 수시 지원서를 써야 할 때였습니다. 이래저래 마음이 복잡한 나날이었습니다.

보험설계사 일을 하는 정영실(가명) 씨는 아들과 친정엄마 사이에서 누구를 원망할 수도 없어 한없이 울었다고 합니다. 영실 씨는 스무살이 된 아들, 치매 어머니와 함께 살았습니다. 어느 날 할머니가 아무 말도 없이 집을 나간 일이 있었습니다. 할머니가 나간 후에 자동으로 문이 잠겼는데, 손자가 일부러 자기를 내보내려고 문을 잠갔다면서 입에도 담지 못할 욕을 하셨다고 합니다. 영실 씨는 어머니한테 그런 광기 어린 눈빛과 욕설을 태어나서 처음 보고 들었다고 합니다. 손자에게 '칼로 찔러 죽일 놈'이라느니 '갈아 죽일 놈'이라고 하며 고래고래 소리를 질렀다는 겁니다. 본의 아니게 그런 놈이 된 아들이 펑펑 울면서 영실 씨에게 전화를 했습니다.

영실 씨는 그 순간만큼은 엄마에 대한 미운 감정이 더 컸다고 합니다. 본능적으로 분노를 표출하는 어머니, 말도 안 되는 억지로 나쁜 손자가 된 아들의 억울한 심정. 딸은 홀로 운 날이 하루 이틀이 아니었습니다. 저와 마찬가지로 어머니의 광기 어린 분노를 평생 본 적이 없었기에 충격이 더 컸겠지요.

통제가 안 되는 감정 표출

지워지지 않는 두 가지 자존심과 공포

일어서고 앉거나
침대에서 나오기조차 힘들어졌다.
움직이려면 손발이 부들부들
공포감이 온몸을 굳게 한다.

소변 전·후로 보이는 동작 동결 상태.
누구에게도 자신이 기저귀에 소변을 본 걸
보이고 싶어 하지 않는 엄마.

누구도 접근 금지.
겨우 마음을 연 요양사 아주머니의 부재를
엄마는 아시는 것 같다.

안방에서 거실 나오는 길은 십리 길,
그 십리 길을 번번이 걸어가겠다고 하신다.
자동차 타고 가냐고 비웃기까지 하신다.

두어 걸음 떼면 다리가 아프다면서
엉덩이를 저만치 빼신다.
넘어질까 하는 두려움 때문에 온몸이 강직 상태.
겨우 두 걸음 떼고부터는

걷는 데 집중하기만도 힘겨운 엄마.

뇌 안의 전쟁이 일어나니
말 한마디 시켜도 화가 나는 엄마다.

– 2018년 9월 21일

엄마의 동작 동결 증세

꼼짝을 하지 않으신다.
이동 변기에 앉아 무표정한 상태로 앉아 있기를 4시간.
달래도 보고 같이 화도 내보고….

엄마의 치매를 받아들였다고 생각했는데
아무것도 할 수 없는 이 상황은
또다시 나를 나락으로 떨어뜨린다.

낯선 간병인을 거부할 때
수없이 설명해도 소용이 없던 그때,
지금은 몸조차 말을 듣지 않으니

도무지 철벽이다.

이런 엄마를 누가 간병하겠는가.

누가 대체….

50대 딸마저 엘보 관절염으로 석 달째 힘을 못 쓰니

엄마를 일으키고 앉히기는 불가능하다.

엄마를 위해 무엇을 할 수 있을까.

막막하다. 화가 난다.

엄마는 자식인 내가 화내는 걸 아신다.

엄마는 자신을 버리라고 소리친다.

자식이 자신을 대하는 감정은 인지하시는 거다.

- 2018년 9월 22일

이상 행동을 못 하게 하면 왜 분노할까

치매 환자의 파국 반응은 자신의 상태를 인지하지 못해 어떻게 해야 할지를 모르는 상태의 불안에서 오는 분노 감정에서 비롯됩니다. 파국 반응은 정신과적 용어로 '갑작스러운 분노의 폭발'이라고 해석할 수 있습니다. 드러나는 증세는 언어적인 공격으로 '소리치기, 욕하기' 또는 신체적인 공격으로 '때리기, 발로 차기, 깨물기' 등을 말하는데요. 알츠하이머성 치매 환자의 약 40%가 이런 반응을 보인다고 합니다.[1] 분노 감정을 때리고 부수고 깨물기의 돌발 행동으로 분출하는 현상이죠. 이럴 때 환자가 원하는 것은 '안심'입니다.

스스로 처리할 수 없는 스트레스가 주변에서 더해지면, 감정적 반응으로 격렬한 분노와 심지어 공포감이 폭발합니다. 자신이 아무리 화를 내도 어쩔 수 없다 싶을 때는 '이제 죽는 게 낫겠다'라고 생각하게 되기도 합니다.

환자 자신이 아무것도 할 수 없게 된다는 불안과 공포가 생길 때

파국 반응은 곧 자신을 향한 분노 표출입니다.

이때는 그 마음을 함께 느끼는 것에서부터 대처를 시작해야 합니다.

따뜻한 음료를 마시게 하고 따뜻하게 안아줌으로써

심리적 안정감을 느끼게 합니다.

보호자는 파국 반응의 원인을 알 수가 없습니다. 보호자도 같이 화를 내거나 "죽고 싶으면 죽어!"라고 강하게 대응한다면 환자의 파국 반응은 더 공격적으로 변합니다. 돌봐주는 사람이 딸이거나 남편이거나 가족일 때 그 변한 모습에 놀라서 더 심한 파국 반응을 보이는 경우가 많은데요. 격하게 맞대응하지 말고 손으로 따뜻하게 잡아주는 것이 좋습니다. 손을 통해 전달되는 감각 정보가 치매 환자에게 훌륭한 안정제가 됩니다. "왜 그러는 거예요?", "왜 그렇게 화내는 거예요?"라고 묻는 것은 아무런 효과가 없습니다.

환자나 주위 사람에게 위험 요소가 없다면 조금 떨어져서 지켜보기만 하는 것도 하나의 방법입니다. 따뜻한 음료를 마시게 하거나 안아주면서 "괜찮아, 괜찮아요"라고 말하며 등을 쓰다듬어주는 것이 가장 좋습니다.

파국 반응을 일으키는 공포 감정과 뇌

공포와 불안의 정서는 치매 환자에게 다양한 정신이상 행동을 일으킵니다. 어떤 대상을 보며 좋거나 싫다는 감정을 갖게 하는 뇌 부위는 편도체인데요. 정서 기억을 저장하고 회상을 조절할 뿐 아니라 학습된 정서 반응에 중요한 역할을 하는 곳입니다. 한마디로 해마 끝부분에 달려있는 편도체는 기억에 정서라는 색깔을 입히는 뇌 영역입니다.[2] 특히 공포 반응은 편도체를 통해 뇌의 다른 부분에 정보를 전달하여 도전 또는 회피 반응을 유발합니다. 뇌 연구자들은 감정적 흥분을 일으키는 사건을 특히 더 잘 기억한다는 사실을 밝혀냈습니다.

기억 강화와 감정이 어떻게 서로 영향을 미치는 걸까요? 뇌 인지신경과학 분야에서 선도적인 연구를 한 《기억의 비밀》의 저자 래리 스콰이어Larry Squire는 편도체와 감정 기억의 관계를 밝히기 위해 두 가지 실험을 했는데요. 그 중 '동물 임상 실험'과 사람의 '뇌 영상화 연구'를 소개했습니다.[3] 그 결과에 대해서 간단히 설명하면 다음과 같습니다(실험 방식은 주석 참고). 먼저 동물 대상 임상 실험입니다. 실험 결과 스트레스 호르몬이 편도체를 활성화해서 기억에 영향을 미치는데, 특히 감정적 흥분을 일으키는 사건일수록 기억이 강화된다고 했습니다. 또한 사람을 대상으로 한 뇌 영상화 연구 결과에서는 편도체가 감정 기억에 굉장히 중요할 뿐 아니라 해마와 해부학적으로 연결되어 감정 기억이 강화된다고 설명하고 있습니다. 이는 어떤 상황 또는 특별하게 경험했던 시각 정보를 공포감으로 기억하고 있을 때, 다시 유사한 상황에 놓이면 편도체가 기억속의 공포 감정을 강화시켜 파국 반응을 일으킬 수 있다는 것입니다.

엄마의 파국 반응을 일으키는 곳은 편도체와 연결된 구역의 뉴런들이었습니다. 학습된 공포나 기타 흥분성 감정에 대응하는 신경학적 변화들이 일어나는 곳인 편도체는 그 변화들을 통합해서 다른 뇌 구역들로 전달하기 때문에 엄마의 공포감정 기억을 강화하고, 본능적인 행동으로 표출하는 것이죠. 또 다른 한 가지는 편도체 자체가 긍정적이거나 부정적으로 학습된 감정적 반응에 관한 정보의 저장소이기 때문에 편도체에 손상이 있을 때 학습된 부정적 감정이 돌발적으로 표출되는 것일 수도 있습니다.

편도체가 손상되면 어떤 일이 일어나나

치매 환자의 돌발 분노는 본능에 충실한 반응이라고도 볼 수 있습니다. 좋은 감정이 아닌 나쁜 감정을 주위를 의식하지 않고 그대로 표출하는데요. 뇌의 진화 단계로 볼 때 파충류의 뇌는 본능적인 요소, 즉 호흡이나 심장박동, 체온 조절 등 생존에 꼭 필요한 것들을 판정하죠. 앞서 언급했듯이 진화를 통해 인간의 뇌가 대뇌 피질을 갖게 되면서 지식과 경험이 기억으로 저장되고, 감정적으로 관여하는 뇌의 여러 영역이 네트워크로 연결됩니다.

원래 편도체는 감각피질, 전전두엽, 시상, 시상하부, 뇌간, 해마 등의 여러 뇌 영역에서 다양한 정보를 받은 뒤에 알맞은 정서 반응을 일으키게 됩니다. 내적·외적 자극으로 우리 몸에 변화가 일어나면 정보를 일차적으로 접수하는 시상하부가 할 일이 많아지고, 그런 변화는 편도체의 흥분으로 이어져서 불안을 느끼게 됩니다. 주의를 기울이기도 전부터 모든 자극에 과거 경험이나 기억이 투영돼 사건을 예측하거나 특정 편견을 갖게 하는 곳이죠.

편도체가 지나치게 흥분하게 되면 공격성으로 이어질 수 있습니다. 반대로 손상되어 기능이 상실되면 시각적·청각적 자극에 포함된 정서적 단서를 탐지하기 어렵습니다. 특히 다른 사람의 표정을 통해 감정을 읽어내는 데 문제가 생기는데, 주로 공포스럽거나 성난 소리, 무서운 표정을 알아채지 못하게 됩니다.[4]

엄마는 공격적으로 분노를 표출하는 때가 따로 있다.

공포와 불안을 일으키는 원인은 단순하다.

엄마가 싫다는 걸 강요할 때다.

식사와 목욕을 억지로 시키려고 하거나 낯선 간병인을 들일 때,

화내는 엄마에게 화로 대응할 때다.

식사를 제대로 못 해서 휘청거려 몸을 맘대로 움직이지 못할 때,

고관절 수술 후 걷다가 넘어질지도 모른다는 공포가 엄습할 때도

그랬다.

아직은 편도체가 완전히 손상된 것은 아니다.
시상하부로 들어오는 정보가 간병하는 딸일 때,
딸의 표정은 정확히 알아채신다.

성장기 전두엽과 편도체의 힘겨루기

편도체는 우리에게 두려움, 믿음, 증오, 애정과 같은 다양한 감정을
입력하여 수천 분의 1초 안에 표정으로 나타내게 하는 일종의 위험
탐지기관입니다. 어떤 얼굴이 시야에 들어오면 우리 뇌는 엄청난 속
도로 분석을 시작합니다. 아는 사람일까, 처음 보는 사람일까? 아는
사람이라면 언제 어떤 상황에서 만났을까? 남자일까, 여자일까? 젊은
사람일까, 나이 든 사람일까?

무엇보다 그 사람이 친구인지 적인지 알아내고자 뇌 활동이 분주
합니다. 이때 뇌에서 어떤 일이 일어나는지는 확실하지 않지만, 분명
한 것은 편도체에 속하는 구조의 일부로서 동기, 학습, 감정과 관련된
정보를 처리하는 데 신경세포가 아주 중요한 역할을 한다는 사실입
니다. 얼굴을 인식하는 과정에서 대뇌 피질 안의 측두엽 신경세포에
먼저 불이 켜집니다.

애니메이션 영화 〈인사이드 아웃〉에서 표현한 주인공들에게서도 치매 엄마의 뇌 상태를 엿볼 수 있습니다. 열한 살짜리 주인공 라일리가 사춘기에 들어서면서 기쁨이, 슬픔이, 버럭이, 까칠이, 소심이 등 다섯 가지 감정을 가진 캐릭터들 사이에서 오락가락하는 모습을 그렸는데요. 피터 닥터 감독이 실제로 딸의 사춘기를 지켜본 경험을 바탕으로 시나리오를 썼고, 감정 연구로 세계적으로 유명한 폴 에크먼 Paul Ekman 박사를 비롯하여 심리학자·뇌과학자들의 도움을 받았다고 합니다.

영화 속 버럭이처럼 과격한 감정 표출은 앞서 언급한 것처럼 성장기에 뇌의 불균형한 상태 때문에 나타납니다. 청소년기의 뇌가 드러내는 다섯 가지 얼굴이 바로 영화 속 주인공 캐릭터들인 셈이죠. 맑고 쾌활하던 아이가 갑자기 조용해지고, 반항아가 되는 등의 감정의 파도는 인지 능력과 감정을 조절하는 뇌 영역이 발달하는 과정을 통해 이해할 수 있습니다. 치매 환자가 공포나 불안한 감정을 통제하지 못하고 파국 반응으로 표현할 수밖에 없는 이유도 쉽게 설명되죠. 사춘기의 뇌에서 인지 능력을 담당하는 부위는 천천히 발달하고, 감정을 조절하는 부위는 빨리 발달하여 활성화되기 때문에 사춘기 특유의 들쭉날쭉한 감정 상태가 되는 것입니다.

그동안 호르몬의 문제로만 여겨왔던 사춘기의 감정 상태는 그게 전부가 아니라는 걸 뇌과학에서 밝혔습니다. 성장기의 뇌의 변화를 보면 청소년 시기의 뇌는 성인의 뇌와 크기에서는 별 차이가 없습니다. 인간의 뇌는 12~14세까지 자라는데요. 다 자란 뒤에 뇌세포가 줄어들거나 죽으면서 오히려 크기가 조금씩 작아집니다.[5] 문제는 사춘기 뇌가 골고루 발달하지 않았다는 점이죠. 편도체는 즉각적이고 강렬한 감정을 처리하는 뇌 부위로 〈인사이드 아웃〉에서 버럭이, 까칠이, 소심이가 사는 곳이라고 볼 수 있습니다.

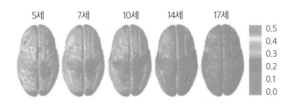

성장기 뇌의 변화 과정. 색이 짙을수록 발달한 것이다.[6]

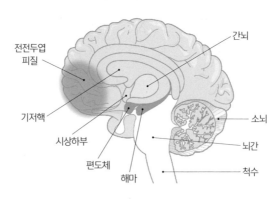

사춘기의 불균형한 상태의 뇌[7]

버럭이가 된 치매 환자의 뇌가 신중히 생각하고, 계획을 짜고, 사고하는 전전두엽 피질이 손상된 상태라면, 사춘기의 뇌는 전전두엽 피질의 성숙이 더딘 한편 편도체는 발달이 빠른 상태입니다. 뇌의 성숙도를 말할 때는 세포의 수가 아니라 뉴런 간의 연결망이 얼마나 단단하고 촘촘하게 퍼져 있느냐가 중요합니다. 사춘기 때는 전전두엽 피질의 뉴런이 충분히 연결되지 않은 상태인 반면, 치매 환자는 전전두엽 피질에 손상이 있어 인지력이 떨어지고 편도체에서는 감정을 제대로 처리하지 못하는 상태인 것입니다. 즉 전전두엽 피질과 편도체 간의 불균형한 상태[8] 때문에 때때로 버럭이가 되는 것입니다. 본능이나 감정에 더 민감하고, 쉽게 흥분하거나 좌절하는 현상을 보이는 이유이기도 합니다.

5장

엄마의 뇌에
'불면'을 묻다

한밤중에 깨어나 잠 못 드는 이유

엄마의 치매 진단명은 뇌혈관성 치매라고 했습니다. 뇌졸중이나 뇌경색과 같은 뇌질환을 크게 앓은 적은 없지만, 뇌 MRI상에서는 미세한 혈관이 군데군데 막혀 있는 듯했습니다. 심장 부정맥이 치매의 원인이 되었을 가능성도 있었습니다.

돌이켜 보면 진단을 받기 전에도 엄마는 오래도록 불면의 밤을 보냈습니다. 잠을 못 자고 뒤척이는 정도를 넘어 완전히 깨어 일어나서 움직이시는 모습은 치매 진단 후에 본격적으로 나타났습니다. 그나마 다행인 건 집 밖으로까지 나가는 일은 없으셨다는 겁니다. 여전히 집 안에서 맴맴 돌면서 배회할 뿐이었습니다.

치매 환자의 공통적인 증세가 수면 장애라고 하죠. 잠을 못 이루더라도 가만있으면 괜찮은데, 이후 정신이상 행동으로 이어져 사고가 일어납니다. 엄마는 그렇게 집 안을 배회하다가 목욕 중 쓰러진 게 문제였습니다. 제가 만난 사례자들 중에는 커튼을 자르거나 집 밖으로 나가서 길을 잃은 경우, 집 밖에서 온갖 쓰레기를 가지고 들어와 쌓아 놓는 경우 등이 있었습니다.

잠 못 이루는 밤의 이상 행동

불면 때문에 생기는 정신이상 증세는 다양한 행동으로 나타납니다. 3년 전 알츠하이머 치매 진단을 받은 박성미(가명) 씨의 어머니 역시 밤에 잠을 이루지 못하고 10분 간격으로 화장실을 가려고 하셨습니다. 대변을 보고 싶다고 화장실을 가시지만 막상 제대로 누지는 않으셨죠. 앞서 언급했듯이 성미 씨는 엄마의 증세를 인정하고 화장실을 가고 싶다고 하시면 밤새 열 번, 스무 번을 모시고 다녔습니다. 때로는 "까만 사람이 세 명 서 있다", "구렁이가 떨어진다" 등 환각 증세를 보이기도 했습니다. 현실인지 꿈인지 알 수 없는 대화를 하실 때면 무섭기까지 했다고 고백했습니다. 증세가 좀 진정될 때 어머니는 항상 환각으로 본 것들이 마귀라고 표현하셨습니다. 워낙 신앙심이 깊은 분이어서 이내 올곧은 당신의 신앙심으로 정신을 되찾았다고 합니다.

치매 환자의 수면 장애는 고스란히 간병하는 가족의 불면으로 이어집니다. 앞서 소개한 정영실(가명) 씨 어머니는 잠이 안 오면 장롱을 정리한다고 옷들을 다 꺼내 난장판을 만들어놓는 게 하루 이틀이 아니었습니다. 그렇게 어머니와 씨름하다가 또 어느 날은 조용해져서 주무시려니 하고 깜박 잠들었는데, 그사이 엄마가 집을 나갔다 오셨다는 걸 뒤늦게 알았답니다. 그런 날이 한두 번이 아니었고 매번 가슴을 쓸어내렸다고 합니다.

문제는 거기서 끝나는 게 아니라, 어머니가 동네를 돌아다니면서 쓰레기를 모아 와 마당에 쌓아두는 행동이었죠. "왜 그러세요. 동네 창피하게 어딜 돌아다니면서 고물을 끌고 와요?"라고 하면 어머니는 아무 대답도 하지 않으셨습니다. 치매 증상의 하나인 줄 알면서도 영실 씨는 진정이 되지 않았습니다. 어머니를 붙잡고 울기도 많이 울었다고 합니다. 소리 지르고, 울고불고 탄식하다가 예전에 건강했던 어머니를 잊어야 한다고 자신을 채찍질하는 게 전부였습니다. 영실 씨의 어머니는 뇌혈관성 치매였습니다. 그렇게 5년을 함께 살던 어머니를 요양원에 보낸 지 6년이나 됐지만, 미우면서도 그립다고 합니다.

환각이나 망상 증세는 어떻게 대처할까

엄마는 수술 후 며칠 동안 불안 장애가 심하실 때, 그리고 방에서만 지내실 때 망상과 환각 증세를 보이기도 하셨습니다. 이상 행동으로 나타날 정도는 아니었습니다. 저를 포함하여 사례자 9명 중 5명의 어머니가 환각이나 망상을 경험했다고 말했습니다.

자다 깨서 과거 어느 시점인지 모를 이야기를 맥락 없이 하는 일은 저희 엄마에게도 나타났습니다. 선잠을 자다가 깨서는 제 이름을 부르면서 살려달라고 한다거나, 사촌 언니한테 전화를 하라고 한다거나, 저녁 무렵 반복적으로 의사를 찾거나, 의사를 만났는데 자신의 허리가 부러졌다고 했다는 등 꿈인지 생시인지 모를 말씀을 늘어놓곤 했습니다. 그럴 때는 손을 잡아드리고, 따뜻한 물을 마시게 하면서 진정시켰습니다. 혹시라도 현실에서 불안감이 더 커지지 않도록 가족이 함께 있다는 걸 최대한 인식시키면서 편안함을 느끼게 했습니다.

망상에는 앞서 얘기했듯 돈을 훔쳐 갔다고 딸을 의심하는 경우, 요양사가 자기 남편을 유혹한다고 의심하는 경우, 홀로 남겨진 방 안 침대에서 자식들이 다 어디 가고 없다며 한 번도 와보지 않는다고 착각하는 경우 등 일종의 '버림 망상'이 생기는 환자들도 있습니다. 저희 엄마도 주말에 자식들이 다녀가면 이내 불안해하면서 애들이 없다고, 외롭다고 하시곤 했습니다.

환각 증세는 실제론 없는데 뭔가가 보이거나 들린다고 하는 현상입니다. 예를 들어 침대 뒤에 사람이 있다거나, 저희 엄마처럼 의사를 만났다거나 하는 식으로 꼭 진짜 본 것처럼 생생하게 말합니다. 이럴 때는 긍정도 부정도 하지 말고 들어 넘기면서 환자가 즐거워할 만한 화제로 바꾸어서 그 문제에서 관심을 돌리게 하는 것이 최선입니다.

망상과 환각 증세는 대처를 잘하면 곧 안정되므로, 다음과 같이 하기를 권합니다.

· 환자가 보고 들은 것에 대해 아니라고 부정하거나 다투지 않는다.

· 환자가 불안으로 떨고 있다면 조용히 얘기를 나누거나 부드럽게 손을 잡아줌
  으로써 안심시킨다.

· 환자에게 현실을 인식할 수 있도록 화제를 돌려 생각을 바꿔준다.

· 환각 증세는 약으로 어느 정도 조절할 수 있으므로 의사와 상담한다.

불면의 밤, 엄마는 이상 행동을 반복합니다.

엄마는 왜 한밤중에 깨어나 잠을 이루지 못하는 걸까요?

수면 장애 발생의 메커니즘

우리는 보통 아침에 일어나고 밤에는 잠을 잡니다. 인간에겐 뇌와 눈에 생체시계가 있다고 알려져 있는데 생체시계는 체온과 심장박동, 배고픔, 졸림 등이 자동으로 변하는 메커니즘을 말합니다.

하루 중 정오에서 오후 6시까지가 신체와 정신이 잘 조화를 이루는 시간입니다. 밤에 잘 자기 위해서는 낮에 햇볕을 쬐는 야외 활동을 많이 하라고 하는데, 이때가 수면을 유도하는 멜라토닌이 활발히 축적되는 시간이기 때문입니다. 축적된 수면 유도 호르몬이 뇌에서 본격적으로 분비되는 시간은 저녁 9시 무렵이고, 이후 0시에서 3시 사이에 멜라토닌 호르몬이 최고조를 이루며 깊은 수면에 들게 하죠. 오전 6시부터 정오까지는 스트레스 호르몬인 코르티솔의 분비가 활발해 각성이 제일 잘되는 시간입니다.

우리 몸은 이런 규칙적인 리듬에 보다 능동적이고 효율적으로 대비하기 위해 낮에는 활동 및 음식의 소화 · 흡수 · 저장이, 밤에는 수면 및 저장된 영양분의 분해가 최적화될 수 있게 호르몬을 분비함으로써 우리 몸을 미리 세팅해놓는 거죠. 이런 생체 리듬에 결정적인 영향을 미치는 요소가 햇빛입니다. 엄마를 휠체어에 태워서라도 산책하러 나가려고 애쓴 것도 그 때문입니다.

1995년에 삼풍백화점 붕괴 사고가 발생했을 때 매몰 현장에서 일주일 이상 버티다 살아난 생존자들이 하나같이 '2~3일 정도 지난 것 같다'고 말했었죠. 눈의 생체시계가 빛을 받아들이는 정도에 맞춰 신체의 생체시계가 변화했기 때문입니다. 그래서 사고 당시 의학계에서는 생존자들의 대사 활동이 최소화되어 오랫동안 버틸 수 있었던 것이라는 의견도 있었습니다.

이처럼 우리는 생체시계에 따라서 졸리거나 배가 고파지는 등 일상생활의 기본 욕구를 갖게 됩니다. 그리고 정상적인 상태에서는 기본 욕구가 자연스럽게 해소되기 마련이죠.

잠자는 동안에도 생체 균형을 맞추는 뇌

뇌는 우리가 자는 동안에도 활동을 합니다. 뇌의 척수액이 뇌혈관 표면을 따라 퍼지면서 뇌 안의 노폐물을 청소하죠. 알츠하이머성 치매의 원인으로 주목받는 베타 아밀로이드 단백질을 청소하는 것도 자는 동안 뇌가 하는 중요한 일입니다. 이처럼 깊은 잠을 잘 때 뇌에

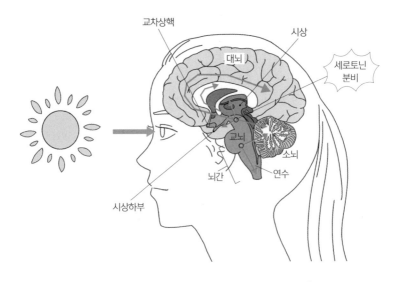

빛이 교차상핵으로 들어온 뒤 세로토닌이 분비되는 경로[1]

쌓인 나쁜 단백질을 밖으로 배출해야 하는데, 수면 장애가 있는 사람들은 그렇게 하지 못합니다. 그래서 뇌에 노폐물이 쌓여 치매의 원인이 되기도 하고, 이미 병변이 생긴 상태의 뇌가 깊은 잠을 방해하는 악순환이 일어납니다.

생체 리듬에 관여하는 호르몬인 세로토닌^{serotonin}과 멜라토닌이 균형 있게 분비되지 않기 때문인데요.[2] 우리의 생체 리듬은 계절, 낮과 밤, 일조량 등에 따라 미세하게 변화합니다. 멜라토닌은 세로토닌에 의해 만들어지고, 세로토닌이 다시 멜라토닌을 분비하게 합니다. 뇌의 대뇌 피질 안에 송과선(솔방울샘)이 있는데 이곳에서 수면 사이클을 조절하는 멜라토닌을 생성합니다. 사람은 2개의 눈으로 사물을 보는데, 이는 빛이 반사된 것을 망막세포로 느꼈다는 얘기입니다. 눈 외에도 빛을 느끼는 기관이 바로 송과선입니다. 눈을 통해 들어온 햇빛을 기반으로 시간을 감지해서 밤이 되면 활동하는 뇌 기관입니다.

멜라토닌은 엄마의 우울증과도 관련이 깊은 호르몬입니다. 보통 사람들에게서도 계절이 바뀔 무렵이면 우울 증세가 많이 나타나는데, 특히 일조량이 줄어들 때 그렇습니다. 일조량이 줄면 뇌에서 정서를 관장하는 신경전달물질인 세로토닌이 적게 생산되면서 우울한 감정을 만든다고 합니다.

치매를 앓고 있는 환자들 대부분이 뇌신경 전달물질인 세로토닌과 도파민이 잘 분비되지 않아 불면증을 호소합니다. 뇌는 몸을 통해 들어온 외부 정보를 기반으로 작동하는데 빛의 양은 생체 리듬에 직접적인 영향을 끼치는 요소입니다. 깨어 있는 동안 우리 몸에 입력된 외부 정보를 잘 기억하기 위해 밤에 잘 자는 것이 얼마나 중요한지는 이미 알려진 바 있습니다.

깊은 잠과 선잠의 모호한 경계선 즈음의 수면 상태를 렘수면이라고 합니다.[3] 보통 렘수면에 있을 때 뇌가 가장 활성화된다고 하죠. 렘수면은 우리의 수면 중 25% 정도를 차지하는데, 이런 렘수면이 기억력에 도움이 됩니다. 그래서 수험생들이 잠을 안 자고 공부한다고 해서 공부의 효율성이 높은 것만은 아니라는 거죠. 치매를 앓고 있는 환자들 대부분이 겪고 있는 수면 장애는 뇌에서 낮과 밤을 조절하는 호르몬의 분비가 원활하지 않아 나타나는 증상이며, 오랫동안 불면을 호소했다면 기억력에 문제가 생길 수 있다고 추론할 수 있습니다.

낮에 활동을 많이 시키라는 의사 선생님의 당부가 있었지만, 엄마한테는 낮에 활동할 만한 것이 많지 않았습니다. 날씨가 춥거나 너무 더울 때를 제외하고 하루 한 번씩 산책을 시켜드리려고 애를 쓰는 정도였죠. 엄마의 감정 상태가 괜찮을 때는 주방에서 요양사가 식사를 준비하는 동안 콩나물 다듬기나 콩 껍질 까기 같은 간단한 활동을 시키면 곧잘 하셨습니다.

황혼 증후군을 피하는 방법

우리 몸의 생체시계와 관련하여 많은 치매 환자에게서 나타나는 또 하나의 증세가 있습니다. 석양 증후군, 황혼 증후군이라는 건데요. 해 질 무렵 유난히 불안해하면서 여러 가지 이상 행동을 보입니다. 저희 엄마도 그 시간이 되면 유난히 집에 가야 한다고 불안해하셨고, 식사나 약 복용을 심하게 거부하셨습니다. 어둑어둑해질 때 치매 환자들의 불안증이 심해지는 이유는 아직 정확하게 밝혀지지 않았지만, 해가 진 후 지각적 자극이 부족해지는 것과 관련 있다고 합니다.

일몰 즈음은 낮처럼 일과에서 나오는 소음들이 없어지고 희미한 불빛만 있는 시간입니다. 이때 치매 환자들에게 일명 황혼 증후군이 나타난다고 합니다. 환경에서 얻을 수 있는 자극이 거의 없어지는 시간이면, 치매 환자의 생체시계는 낮인데 실제는 어둑어둑해지는 저녁이 되는 거죠. 실제로 많은 환자가 곁에 누가 있는 낮 동안에 잠을 더 잘 이루곤 합니다. 병이 진행되면서 환자는 어둠이나 혼자 있는 것을 더욱 두려워하게 됩니다.

해가 완전히 지지 않아도 조금씩 어두워지는 초저녁, 사물을 분별할 수 없게 된 환자는 불안감을 느끼는데요. 이때 조명을 충분히 밝히고, 밤에도 등을 계속 켜두는 것이 좋습니다. 환자의 생체 시계가 낮인데 밤으로 느껴지면 불안해하기 때문에 환자에게 익숙한 낮의 환경으로 최대한 만들어주면 불안과 초조감은 줄어들게 됩니다.

6장

엄마의 뇌에
'우울'을 묻다

추풍 그리고 낙엽

다시 9월이

기다리라, 오래 오래
될 수 있는 대로 많이
지루하지만 더욱

이제 치유의 계절이 찾아온다
상처받은 짐승들도
제 혀로 상처를 핥아
아픔을 잊게 되리라

(…)

구름 높이, 높이 떴다
하늘 한 가슴에 새하얀
궁전이 솟아올랐다

이제 각기 가야할 길로

가야할 시간

기다리라, 더욱

오래오래 그리고 많이.

– 나태주, 《오래 보아야 예쁘다 너도 그렇다》, 알에이치코리아, 2015

나태주 시인의 '다시 9월이'는 가을 햇볕이 내리쬐는 날 올려다본 하늘 아래, 떨어질 날을 기다리는 나뭇잎들의 운명을 생각하며 남겨질 이들의 아린 가슴을 그린 시입니다.

2018년 엄마의 가을은 유난히도 쓸쓸했습니다. 덧없이 흘러간 세월 앞에 알몸이 된 나뭇가지처럼, 미수米壽의 나이에 엄마는 펄펄 살아 숨 쉬던 영육의 에너지가 소진된 채 차디찬 겨울을 맞이할 준비를 하고 계시는 듯합니다. 엄마의 청춘은 가을바람에 어디론가 날아가 버리고, 이제 당신 삶의 전부였던 가족과의 이별이 가까워져 오는 것 같습니다. 저 역시 언제가 될지 모를 엄마와의 이별을 예감하면서도, 떠날 사람은 떠나고 남을 사람은 남게 되는 시간을 여전히 상상하고 싶지 않습니다. 엄마는 지난 2년여의 시간 동안 '내 곁에 있어도 그리운 엄마'가 되어버렸습니다. 추풍에 낙엽이 되어버릴 엄마를 생각하고 싶지 않습니다.

2018년의 가을이 유난히도 사무치는 이유는 80년 넘게 겪은 엄마의 가을이 떠올라서입니다. 되돌아보면 엄마는 가을에 떨어지는 낙엽을 보면서 항상 쓸쓸해하셨습니다. 그때가 엄마의 갱년기였을까요? 엄마가 정확히 언제 갱년기를 겪었는지는 알 수가 없습니다. 막내인 제 나이 열다섯 살 전후가 아니었을까 짐작할 뿐이죠. 엄마는 50대 초반에 큰딸을 시집보내 사위를 보셨는데 아래로는 갓 대학에 들어간 아들, 줄줄이 고등학생인 둘째 딸과 중학생인 막내딸이 있으니 몸과 마음이 쉴 틈 없이 분주하셨을 겁니다. 외할머니는 항상 엄마가 약골이라고 걱정하셨습니다. 그런 엄마인지라 늘 여기저기 아프다는 말씀을 많이 하셨지만 갱년기에 드러나는 정서적인 우울감이나 특별한 육체적 고통이 있었는지는 어린 제가 알 도리가 없었습니다.

지금은 그 막내딸이 갱년기를 맞을 나이가 됐습니다. 은퇴 세대가 고령 부모를 부양해야 하는 노노^{老老} 부양의 고단함은 비단 저만의 이야기는 아닐 겁니다. 게다가 딸들은 갱년기로 육체적·정신적으로 힘든 시기에 엄마의 치매와 마주하게 됩니다.

100세 시대에 청춘의 시간도 길어졌다고들 합니다. 40~50대에 30~40대처럼 사는 요즘 사람들이라고 하지만, 50대의 딸이 맞이하는 고령 부모의 치매는 새로운 도전이자 위기가 될 수 있습니다. 청춘은 가고 나뭇잎의 색이 바래가는 시기에 낙엽이 낭만적으로 보이지만은 않으니까요. 나뭇잎이 싱싱하고 무성한 여름날에는 잡아당겨도 쉽게 떨어지지 않지만, 빛바랜 은행잎은 간신히 매달려 있어 한 줄기 바람만 스쳐도 맥없이 떨어집니다.

저도 언젠가는 엄마가 가는 길을 가야 할 테지요. 88세 엄마의 가을, 바람만 스쳐도 맥없이 떨어질 준비가 되어 있는 계절이 됐습니다.

행복을 꿈꾸던 낙엽의 회상

엄마는 조경수의 '행복이란'이라는 노래를 즐겨 부르셨습니다. 행복이 무엇인지 알 수 없다는 노랫말이 인상적인 곡인데요. 사랑하는 연인과 헤어진 후 함께 있을 때가 얼마나 큰 행복이었는지 이별 뒤에 알게 됐다는 슬픈 메시지를 담고 있습니다. 엄마에게 행복은 어떤 의미였을까요? 행복이 무엇인지 알 수가 없는 엄마…였을까요?

2017년 봄, 치매 진단을 받은 후에도 이 노래를 곧잘 흥얼거리셨죠. 제게는 엄마 자신이 얼마나 불행한지를, 행복한 적이 없었다는 걸 말하는 것처럼 들렸습니다. 그동안 살아낸 80여 년의 시간 동안 엄마는 항상 마음에 뭔가 채워지지 않는 헛헛함이 있으셨던 것 같습니다. 교사 월급으로 자식 넷을 키우느라 늘 궁핍했던 생활, 당신의 살점 같은 외아들 하는 일이 잘 안 풀릴까 봐 애태우는 마음, 막내딸이 만혼으로 일하랴 육아하랴 버거워하는데 도와줄 기력이 없는 자신에 대한 한탄… 엄마는 항상 당신이 가진 것에 대한 만족감보다 채우지 못한 불만이 많았습니다.

뇌혈관성 치매를 앓고 있는 엄마는 지금, 말로는 다하지 못하는 마음을 88번째 맞이한 이 가을에 세상을 향해 이렇게 말하는 듯합니다. 오보영 시인이 읊조린 시는 마치 엄마가 하는 말인 것 같습니다.

낙엽의 회상

순간인 걸…

떨어져 바닥 위를 구르고 있는 게…

새순 돋아 들떠 있던 시간이
푸르름에 싱싱하던 시절이

바로 엊그제인데…

막
고운 빛깔 단풍으로 치장을 하고
모습 좀 뽐내볼까 신나하던 참에

불어닥친 찬바람에
낙엽이 되어

정처 없이 온 사방을 떠돌고 있네

시간이 이리도

빠를 줄이야

한평생이 이처럼

허무할 줄이야

– 오보영, '낙엽의 회상', 시사랑 시의 백과사전, 2014. 11. 13

엄마는 우울을 껴안고 살아왔던 게 아닐까요?

뇌를 손상시키는 우울증

현대인에게 우울증은 감기처럼 흔한 병입니다. 신경과학적으로 우울증을 들여다보면 뇌가 작동하는 방식에 의한 질환이라는 걸 알 수 있습니다. 예일대학 연구팀이 'Biological Psychiatry'지에 밝힌 영상 촬영 연구결과에 의하면 우울증을 앓는 사람들이 건강한 사람들에 비해 해마라는 뇌 영역 용적이 더 작다고 합니다.[1] 해마는 감정 행동을 조절하고, 학습과 기억을 담당하는 뇌 영역이죠. 우울증 환자가 항우울제 치료를 받으면 해마의 크기도 회복이 된다고 합니다.

다만 정서적으로 우울해서 해마의 크기가 줄어든 것인지, 해마의 크기가 줄어들어서 우울증이 걸린 것인지 인과관계를 명확하게 입증할 수는 없습니다. 하지만 우울증이 두뇌를 손상시킬 수 있다는 데 이의를 제기할 사람은 없을 겁니다.

우울증을 치료하는 데 효과적인 방법으로 주로 권하는 것은 운동입니다. 운동을 통해 해마를 재건할 수 있다고 생각하기 때문이죠. 이미 많은 연구를 통해 운동을 하면 우리의 뇌가 기존의 뇌세포를 보존할 뿐 아니라 뇌신경세포가 효과적으로 커진다는 것이 입증되었습니다. 해마라는 뇌 영역은 성인이 되어 뇌 발달이 거의 멈춘 후에도 새로운 신경세포가 계속 생겨나거나 신경세포끼리의 연결이 굉장히 활발하게 재구성되는 곳으로 알려져 있습니다.

미국 피츠버그대학교 심리학과 교수 커크 에릭슨[Kirk Erickson] 박사는 "55~80세 노인에게 1년 동안 매주 3일 30~40분씩 걷게 한 결과 해마의 크기가 2% 증가한 것으로 나타났다"라고 밝힌 바 있습니다.[2] 운동이 정신건강을 향상시키는 이유는 세로토닌, 도파민 그리고 글루타메이트, GABA를 비롯한 기분 조절과 관계가 있는 신경전달물질의 분비를 촉진하기 때문입니다.

한국뇌연구원 책임연구원인 구자욱 박사가 발표한 실험 결과에서도 해마의 크기와 우울증은 깊은 관련이 있음을 알 수 있습니다. 정서와 인지행동에 관한 연구에서 실험용 쥐를 10일간 스트레스에 노출시킨 후 생성된 신경세포 수와 돌기 수를 확인했습니다. 그 결과 평소 좋아하던 설탕물에 대한 선호가 사라지는 등 무쾌감증과 같은 대표적인 우울증 행동이 관찰되었다고 밝혔습니다.[3]

쉽게 말해서 기분이 좋은 상태나 나쁜 상태가 뇌 건강에 영향을 미치며, 특히 나쁜 상태가 지속될 때 정서와 인지행동에 큰 영향을 미친다는 것입니다. 뇌는 발달이 멈춘 후에도 운동이나 인지 훈련과 같은 자극으로 새로운 신경세포가 계속 생겨나거나 신경세포끼리 연결된 부위인 시냅스가 활발하게 재구성될 수 있습니다. 이를 뇌과학계에서는 뇌의 가소성, 즉 '뇌의 능력은 변한다'고 말합니다. 스트레스로 인한 우울은 신경세포가 새로 생성되는 데 장애가 되고, 이를 해소하기 위해 자신에게 즐거움을 주는 어떤 활동을 함으로써 뇌세포를 활성화할 수 있다는 얘기입니다.

치매가 우울을 일으키나, 우울증이 치매를 부르나

치매와 우울증의 상관관계를 이해하기 위해 우울증을 동반한 치매 환자들을 대상으로 한 연구가 이뤄졌는데, 그 결과 혈관성 치매 환자는 우울증 유병률이 높은 것으로 나타났습니다. 2013년 2월 7일부터 2015년 11월 30일까지 광주보훈병원 치매·정신클리닉에 내원한 실제 환자들을 대상으로 연구한 결과 기억력 감퇴와 인지 기능 장애, 우울증이 공통으로 발견된 것입니다. 그중 우울증을 동반한 치매는 혈관성 치매 환자가 42.5%로, 알츠하이머성 치매 환자보다 더 많았습니다.[4]

알츠하이머성 치매와 혈관성 치매, 파킨슨병 치매, 루이소체 치매 모두 뇌의 병변은 조금씩 다릅니다. 다만 모두가 뇌의 전전두엽과 측두엽 내 해마와 편도체의 손상 때문에 생긴 뇌질환이라고 볼 때 해마의 크기는 우울증과 깊은 관계가 있다는 사실을 알 수 있습니다.

우울, 행복 호르몬의 상실

 우울 치료를 위해 운동요법을 권하는 이유는 호르몬 분비와 관련이 깊기 때문입니다. 보통 항우울제 약물치료는 일명 '행복 호르몬'이라고 부르는 신경전달물질이 조절되도록 하는데 초점이 맞춰집니다. 우리가 기분이 좋다고 느낄 때나 사랑을 할 때, 일명 '행복 호르몬'으로 알려져 있는 세로토닌과 '쾌락 호르몬'인 도파민이 뇌 안에 분비되기 때문입니다.

 이때 우리 뇌의 신경세포들은 뇌로 들어오는 다양한 정보를 처리해서 전기적 신호를 통해 다른 신경세포로 전달하기 위해 분주히 움직입니다. 신경전달물질은 한 신경세포에서 다른 신경세포로 신호를 전달할 때 전기적 신호가 전달할 수 없는 정보를 전달해주는 화학물질입니다. 우리 뇌에서는 수천억 개의 신경세포들이 모여 전기적 신호를 통해 정보를 통합하고 교환하는데, 이 과정에서 수많은 신경전달물질이 서로 영향을 주고받습니다.

우울증 치료제에 쓰이는 신경전달물질로는 세로토닌과 도파민, 노르에피네프린^{norepinephrine}이 있는데요. 우울증을 설명하기에 이 세 가지만으로는 한계가 있지만, '우울한 뇌'에서 무슨 일이 벌어지고 있는지를 이해하는 데에는 꼭 필요한 물질입니다.

첫 번째, 세로토닌은 '우울한 뇌'의 핵심적인 신경전달물질로 우리 몸 전체에 영향을 줍니다. 특히 뇌에서는 기분, 수면, 기억력, 인지, 충동 조절, 불안, 초조감, 식욕 등과 연관이 있죠. 우울한 사람의 뇌에서는 세로토닌이 감소해 있고, 세로토닌을 만드는 데 필요한 전구물질인 트립토판^{tryptophan}이 부족한 경우에 우울 증상이 악화된다는 보고가 있습니다. 한마디로 세로토닌이 부족하면 우리 뇌는 우울을 앓는 상태로 변하는 것입니다.

두 번째, 노르에피네프린은 스트레스를 받았을 때 분비됩니다. 심장을 더 빨리 뛰게 하고 말초혈관을 수축시켜 혈압이 오르게 합니다. 그뿐 아니라 인간의 감정에도 작용하는데 에너지와 흥미, 동기 부여 등의 뇌 기능과 밀접한 관계가 있습니다. 우울증이 있는 사람들은 이 물질이 부족하기 때문에 무기력한 상태를 보이는 것입니다. 뇌신경 세포에서 노르에피네프린의 재흡수를 막는 이미프라민^{imipramine} 같은 약물이 우울증에 효과가 있다는 것이 밝혀지면서 우울증과의 관련성이 알려졌다고 합니다.

세 번째, 도파민이 부족하면 우울증을 유발합니다. 우리 몸의 운동 기능 조절, 새로운 것들에 대한 탐색, 주의력, 성취감, 무언가를 하고 싶은 마음 즉, 내적 동기의 활성화 등과 연관이 있는 신경전달물질입니다. 도파민 분비에 이상이 생기면 우울증이나 강박증, 주의력결핍 과잉행동 장애 등의 정신과적 질환이 발병하는 것으로 알려져 있습니다. 예를 들어 파킨슨병과 같은 질환은 뇌의 특정 영역에서 도파민 관련 신경세포가 줄어들면서 운동 기능이 조절되지 않고, 떨림 증상이나 몸의 강직 등이 나타납니다. 도파민이 부족할 때 근육 경직 등을 야기하기 때문에 감정이 없는 마네킹 같은 표정을 보이고, 근 움직임의 강직 같은 증세가 나타나며, 감정도 딱딱해진다고 합니다. 그래서 항우울제에는 도파민이 들어갑니다.

심리적 고통이 원죄[5]

치매가 우울을 일으키든 우울증이 치매의 원인이든, 치매 환자들이 호소하는 우울증은 대체로 비슷합니다. 정상인과 다른 상황 또는 다른 순간에 불쑥 심리적 고통을 느끼고, 그 고통에 대한 감정을 격하게 드러냅니다. 우울 증세는 아무 의욕도 즐거움도 없는 상태, 어떤 활동에 대한 의지가 없어지는 상태를 만들기도 합니다. 전전두엽의 손상으로 인지력이 떨어지는 상황에서 우울증이 깊어지면 양자 간에 상승 작용이 일어난다는 것을 저희 엄마에게서 볼 수 있었습니다.

해마는 일반적으로 뇌의 노화에 따라 조금씩 작아지지만, 치매 환자들은 위축의 정도가 보다 심합니다. 100세 고령화 시대에 우리는 누구도 뇌의 노화로 인해 생기는 알츠하이머성 치매의 위험에서 예외가 될 수 없습니다. 미국 스탠퍼드대학교 신경과학과 부교수이자 뇌과학자인 데이비드 이글먼^{David Eagleman}은 《더 브레인》에서 알츠하이머병의 위험 인자를 밝혀내는 연구를 소개했습니다. 미국 전역에서 1100명이 넘는 수녀, 신부, 수사를 대상으로 한 '수도회 연구^{The Religious Orders Study}'입니다.

피험자들은 65세 이상이며, 눈에 띄는 알츠하이머병의 증상을 보이지 않는 성직자들이었습니다. 시카고에 있는 러시 의대의 데이비드 베넷^{David Bennett}과 그의 팀은 1994년부터 시작해 성직자들의 뇌 데이터를 350개가 넘게 수집했는데요. 연구팀은 노화성 뇌질환의 증거를 찾을 수 있으리라고 기대했지만, 신기하게도 일부 피험자는 알츠하이머병이 진행되고 있음에도 인지 능력의 상실이 나타나지 않았다고 합니다.

연구팀이 성직자를 피험자로 택한 이유는 음식과 생활 수준 등의 생활양식이 같고, 정기검사가 가능하며, 교란 요소가 적기 때문이라고 합니다. 연구자들은 같은 환경 조건에서 생활한 성직자들의 뇌를 통해 알츠하이머병으로 폐허가 됐을지라도 모두가 반드시 인지적인 문제를 겪는 것은 아니라는 사실을 알게 됐습니다.

뇌 조직이 죽어가는데 어떻게 인지 능력은 살아있는 걸까요? 연구팀은 그 원인을 심리적·경험적 인자에서 찾았습니다. 피험자들이 인지 능력을 발휘하는 십자말풀이, 독서, 운전 등 뇌를 활발하게 유지시키는 활동들을 많이 함으로써 그 능력을 보호하는 효과가 컸다고 본 것입니다.

반대로 외로움, 불안, 우울, 심리적 고통에 잘 빠지는 성향 등의 부정적인 심리적 인자들은 인지 능력 쇠퇴를 가속화하는 경향이 있었습니다. 성직자의 뇌 신경조직이 병들었음에도 인지적 증상이 없었던 이유는 심리적 고통을 주는 부정적 인자가 적었기 때문입니다.

이 연구는 우리가 노화 과정을 멈출 수는 없지만, 뇌를 보호하고 최

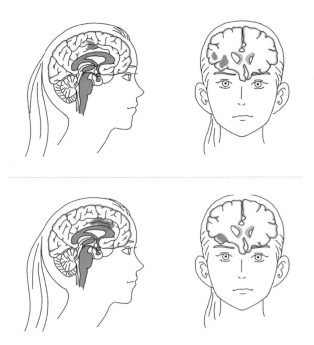

사회적 아픔(위)과 신체적 아픔(아래)을 느끼는 뇌 부위[6]

대한 오랫동안 정체성을 유지하는 것이 가능함을 말해줍니다.

정서와 인지는 함께 가는 친구

평생을 통틀어 정서적으로 안정감을 느끼는 시간이 얼마나 될까요? 그리고 안정감을 느낄 때 뇌는 어떤 상태일까요? 엄마의 치매 증세에 대한 뇌의 답을 찾아가는 과정에서 감정, 정서가 증세를 악화 또는 완화하는 데 얼마나 큰 영향을 미치는지 절실하게 느꼈습니다.

엄마의 경우 치매 발병의 인과관계를 명확하게 규명하기는 어렵습니다. 의학적 원인은 허혈성 뇌질환인데, 그전에 오래된 병증으로 갖고 있던 우울증이 영향을 미쳤으리라는 추정을 할 수 있습니다. 그뿐만이 아니라 뇌가 수집한 모든 정보를 종합해서 안전한지 아닌지 판단하는 '의사결정 기능'을 정상적으로 수행할 수 없게 된 건 전두엽이 손상됐기 때문입니다.

환자는 불안증이 커지고 정서적으로 무감동·무의욕이 심해집니다. 몸을 자유롭게 움직이지 못하는 자신에 대해 인지하는 순간마다 우울감과 좌절감을 느끼게 되는데, 이것이 또다시 의욕 상실을 가져오고 먹고 싶은 의욕도 사라지게 합니다. 화장실 가는 걸음 자체도 귀찮아지죠. 움직임이 줄어들면서 치매 환자는 침대에 누워 지내야만 하는 와상 상태로 갈 수밖에 없습니다. 우울 감정, 정서적 불안은 인지적 판단력은 물론 운동 기능 장애까지 가져옵니다.

제가 엄마를 볼 때 뇌가 관장하는 정서와 인지는 상호 보완적인 관계이고, 같이 가는 친구라는 생각이 들었습니다. 둘 중 어느 것이 우위에 있거나 지배적이라고 판정하기 어려운 관계입니다.

정서의 뇌가 사고의 뇌를 움직인다

치매 환자들은 기억 장애를 경험하면서 자신감이 떨어지고 우울과 불안 등의 정서를 갖게 됩니다. 이는 삶의 의욕을 떨어뜨리고 일상생활의 동기를 저하시켜 인지 장애가 더욱 심해지는 악순환을 일으키죠. 저희 엄마를 포함해 인터뷰한 사례자들의 어머니들 모두 치매의 기본 증세인 기억 장애와 더불어 정서적 문제로 고통을 겪고 있었습니다.

이런 환자들에게 신경과에서는 비약물적 치료로 명상이나 음악요법 등을 권하는데요. 그 이유가 바로 정서 치유로 인지 기능을 좋게 하기 위해서입니다. 음악을 활용한 정서요법으로 인지 재활이 가능하다는 연구는 많은 부분 검증된 바 있습니다. 2014년에 명지대학병원과 아주대학병원이 발표한 연구 자료에 따르면, 시설에 거주하는 경도 인지 장애 노인을 대상으로 매주 2회씩 8주간 음악 치료를 시행한 결과 인지 기능과 삶의 질이 좋아졌다고 합니다.[7]

어떤 의사결정을 할 때는 매 순간 감정이 개입됩니다. 앞서 공포 기억에서 언급했듯이, 뇌 구역의 안와전두엽 피질이 손상되면 몸에서 유쾌한 신호들을 통합하는 작업에 장애가 일어납니다. 배가 고픈지, 불안한지, 유쾌한지, 난감한지 등의 정보를 제대로 통합하기가 어려워지죠. 즉 감정이 개입되지 못한 상태에서는 이성적 판단이 어렵고 일상생활이 힘들어지는 악순환에 빠지는 것입니다.

학계에서도 뇌에서 정서가 어떻게 만들어지는가에 대한 논쟁이 있습니다. 정서를 하나의 인지 과정으로 동일시하는 것과 정서와 인지가 분리되어 작용하는 것으로 보는 견해가 맞서고 있죠. 미국 뉴욕대학교 신경과학센터 조셉 르두^{Joseph LeDoux} 석좌교수는 "정서와 인지는 동전의 양면처럼 분리되어 작용하는 것 같지만 절대적인 상호 작용을 수행하는 정신 기능"이라고 말하기도 했습니다.

이처럼 우리의 뇌 구조는 정서와 이성적 판단을 하는 데 밀접하게 연결되어 있습니다. 정서를 담당하는 뇌 부위는 편도체입니다. 기억을 담당하는 부위는 해마이고 충동과 판단, 공감 등의 역할을 하는 부위는 전두엽이죠. 이들은 긴밀하게 상호 작용을 합니다. 감정을 담당하는 편도체는 기억 중추인 해마와 바로 붙어 있기 때문에 기억에 직접적인 영향을 미칩니다. 감정을 억제하면 소수의 세포만 기억 과정에 참여하여 기억력을 떨어뜨립니다. 그래서 부정적인 감정 상태에서는 아주 쉬운 기억도 꺼내지를 못합니다.

감정적으로 위기를 겪을 때는 대뇌 피질이 원활히 작동하지 못합니다. 이성적 판단을 할 만한 정보가 감정의 네트워크에 장악되기 때문에 전두엽은 전반적으로 뇌가 안정될 때 열린다고 합니다. 결국 인지력에는 심리적 동기가 필요한데요. 긍정적 정서가 강할 때 전두엽의 동기 부여 회로가 자극받아 뇌를 활성화합니다. 긍정적인 정서는 억제성 신경전달물질계의 활성을 낮추고 흥분성 신경전달물질계를 활성화하여 일을 활력 있게 추진할 수 있는 감정 에너지를 공급하기 때문입니다.

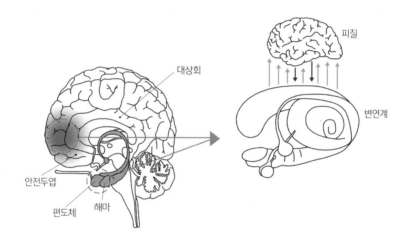

피질과 변연계의 정보 교류[8]

정서의 네트워크가 이성적 네트워크보다 3배나 많고 정서의 뇌가 사고의 뇌가 하는 인지, 기억, 동기를 조절한다라는 견해는 치매 엄마의 증세를 이해하는 데 하나의 나침반이 되고 있습니다.[9]

앞서 도파민 분비량이 적을 때 우울증이 생긴다고 했듯이, 정서적 경험이 인지력을 떨어뜨리기도 하고 높여주기도 합니다. 또한 뇌의 보상회로가 작동해서 좋은 정서적 경험은 학습 동기를 일으킵니다. 이는 어떤 행동을 끌어내는 동력이 되죠.

동기가 있어야 능력도 발휘하고 목표도 이루게 됩니다. 즉, 동기를 만들어내는 방식은 뇌를 활용하는 방식이라고 볼 수 있습니다. 뇌신경에서는 외적 보상에 의한 반응도 일어나지만 이는 금방 사라지는 것이고, 내적 동기가 더 강한 자극이 된다고 합니다. 스스로 의미와 가치를 느끼고 좋아해서 하는 행동은 전두엽과 해마, 편도체의 뇌 부위가 균형을 이뤄 나오는 행동입니다.

새순 돋아 들떠 있던 시간이

푸르름에 싱싱하던 시절이

바로 엊그제인데...

낙엽이 되어
정처 없이 온 사방을
떠돌고 있네

시간이 이리도
빠를 줄이야

한평생이 이처럼
허무할 줄이야...

7장

엄마의 뇌에
'기억'을 묻다

'당신 누구세요?' 신드롬

하루가 멀다고 엄마를 뵈러 갔습니다. 엄마는 좋은 것과 싫은 것에 대한 감정을 겉으로 드러내지 않으셨어도, 부모와 자식 간에 흐르는 텔레파시가 있는 것 같습니다. 엄마가 딸의 마음을 알아주는 타이밍을 이제는 기대하기 어려워졌지만, 마음 한쪽에는 소용없는 기대가 아직 남아있는 건지도 모르겠습니다. 오십 평생 불러왔던 '엄마'라는 이름, 성격상 요란스레 반기는 내색을 하지 않지만 항상 따뜻하게 맞아주셨던 그 엄마를 보고 싶은 마음에 한 달음에 달려갑니다.

엄마가 치매와 본격적으로 전쟁을 치르기 시작한 후 한 해가 지나고 두 해째를 맞은 가을 무렵, 따뜻하게 맞아줄 것을 기대하는 마음 뒤에는 나를 알아보지 못하고 "누구세요?"라고 하는 엄마를 보게 될까 봐 두려움이 점점 커졌습니다.

"니가 웬일이고? 니 어디서 왔노?"

엄마 집에 들어서는 저를 처음 보면 항상 알 듯 모를 듯한 표정이셨습니다. 제 이름과 몇째 딸인지, 아니 딸인지 낯선 타인인지 분간이 잘 안 되는 듯하다가 계속해서 엄마라고 부르는 걸 보면 딸이겠거니 하고 생각하시는 듯했습니다. 그러다 보면 차츰 기억이 돌아오는 것 같았습니다.

엄마가 이런 상태가 된 건 가족 모두가 엄마의 치매를 받아들인 지 얼마 되지 않아서였습니다. 병원에서 엄마가 길을 잃을 뻔한 이후 1년쯤 지나서죠. 지옥 같은 2017년 여름날을 지내고, 엄마의 인지력은 현격히 떨어졌습니다.

저희 4남매는 예전만큼은 아니지만, 주말이면 자주 엄마 집에서 만났습니다. 약속하지 않아도 엄마의 안부가 궁금해서 안 올 수가 없었던 거지요. 요양보호사를 도와 엄마를 씻기거나 화장실을 모시고 가거나 한두 시간이라도 엄마의 뇌를 자극할 일을 찾으려 했습니다. 물론 자식의 도움 없이 남의 손에만 맡겨도 부모님이 사시는 데 큰 문제는 없습니다. 다만 자식을 품었던 따뜻한 마음을 조금이나마 보답해드리고 싶었고, 요양보호사 혼자 엄마를 일으키고 움직이게 하기에는 위험이 따르니 기본 욕구마저 해결해드리기 어렵다는 걸 알기 때문입니다. 그렇다고 매일 24시간 함께할 수도 없으니 최소한의 봉양이라도 하고자 모두 노력을 기울였습니다.

"엄마, 나 누구야?"
"어머니, 저 왔어요."

"어머님, 저 누군지 아시죠?"

적어도 1년 이상은 이름과 얼굴을 기억하셨습니다. 자식들 집 전화 번호도 기억하셨죠. 정확히 알 때는 오히려 "몰라"라며 모르는 척을 하시곤 했습니다. 그런 걸 물어보다니 내심 자존심이 상한다는 표정 이었습니다.

엄마의 기억이 가물가물해지면서부터 저는 기색을 조심스럽게 살 폈습니다. 엄마가 인상을 찌푸리면서 침묵할 때는 못 알아볼 때입니 다. 그때 차라리 내가 누군지 알려드리자는 생각으로 "나, 재우예요. 막내딸!"이라고 하면, 엄마는 자신이 기억을 못 했다는 사실을 잠시 인지하시는 듯했습니다. 그 사실이 속상한지 "그래서 어쩌라구?" 하 며 버럭 화를 내셨습니다.

엄마는 당신의 기억력을 테스트하는 자식들이 야속했을 겁니다. 역 정을 내는 엄마를 봐야 하는 딸의 마음은 또 어땠겠어요. '벌써 자식 을 못 알아보는구나' 속으로 절망하고, 예정된 수순으로 가는 걸까 가 슴이 메었습니다.

엄마, 나 몰라요?
나 막내딸이에요.

엄마의 인사말, "오랜만이네!"

엄마는 목욕탕에서 넘어지기 전까지는 아파트 단지 안에 장이 서는 화요일이면 잊지 않고 장터에 나가고 싶어 했습니다. 계절과 날짜, 요일을 아는지 모르는지의 인지 능력은 신경과에서 하는 치매 진단의 기본 척도입니다. 화요일은 엄마가 사는 아파트 단지 내에 장이 서는 날인데요. 그때마다 어김없이 장을 보러 나가시는 걸 보면, 요일과 시간 개념은 확실하게 있었습니다.

2016년 11월 병원에서 길을 잃을 뻔한 이후 우리 가족은 재빠르게 해당 지역 경찰서에 치매 등록을 하고, 이름표와 연락처가 적힌 스티커를 옷에 부착하기도 했습니다. 돌다리도 두들겨보는 성향의 엄마는 겁이 많아서인지 다행히도 무턱대고 집을 나가는 일은 없었습니다. 요양보호사에게 엄마가 화요장을 가려고 하면 반드시 동행해야 한다고 당부도 드렸습니다. 요양보호사는 엄마 뒤를 졸졸 따라다니면서 엄마가 물건을 사려는 걸 만류하는 게 일이었습니다. 지난주에 산 걸 잊으시고 또 사려고 했기 때문입니다. 게다가 김, 멸치를 꼭 4개씩 사셨죠. 아들딸 넷이 주말에 모이면 하나씩 줘야 한다는 생각에서였습니다.

딸: 엄마, 오늘 장터에 다녀오셨어요?
엄마: 아니.

딸: 다녀오셨다던데…. 뭐 사셨어요?

엄마: 뭐 살 것도 없드라.

장에 다녀온 걸 벌써 잊었다가 딸의 말에 잠시 눈빛이 흔들리는 듯하더니 말을 돌리십니다. 그러니 지난주에 4개씩 사놓은 김과 멸치 보따리를 까맣게 잊은 건 너무 당연한 일이었죠. 가까운 기억이 먼 나라 이야기가 돼버리는 일이 많아졌습니다.

이런 엄마가 계산을 제대로 하고 사 오시는지 궁금했습니다. 엄마는 어딜 가든지 지갑과 돈을 철저히 챙기는 분이었습니다. 돈이 없어 민폐를 끼칠 일이 생기면 안 된다는 생각 때문이었죠. 돈을 냈는데 또 달라고 하면 다시 지갑을 열 것 같았습니다. 한동안은 말린 감을 자주 사 오셨는데, 한 바구니 쌓아놓고서 또 사면 요양보호사가 다시 가지고 가 돈으로 환불받았다는 이야기를 장터 아주머니를 통해서 듣게 됐습니다. 환불받은 돈은 엄마의 지갑으로 들어갔을까요? 엄마가 이 동네로 이사 와서 줄곧 다니던 대형마트 계산대 직원이 그 의문에 답을 해줬습니다. 얼마나 되는지는 알 수 없지만 엄마의 돈이 조금씩 새어나가고 있었던 겁니다.

그 이야기를 듣고 저와 언니는 슬픔을 가눌 길이 없었습니다. 암산의 여왕이라고 불릴 정도로 계산이 빠르고 정확하신 데다, 한 푼 두 푼 모아 자식들 건사하는 데서 행복을 느껴온 엄마였거든요. 이제는 정신을 놓아 눈 뜨고 코 베이는 걸 모르고 있는 엄마가 너무 안쓰러웠습니다.

엄마의 단기기억력은 눈에 띄게 떨어졌습니다. 희한하게도 낯선 사람을 거부하는 걸 보면 설령 제 이름이 가물가물해질지언정 가족이라는 울타리의 기억은 지워지지 않는 감정으로 남아 있는 것 같았습니다. 언니와 저는 엄마와 가까이 살았기 때문에 출가한 여식치고는 자주 보고 산 편입니다. 엄마가 아픈 후에는 더욱 가까이에 있으면서 환란처럼 닥친 엄마의 병증과 함께했습니다. 그럼에도 엄마는 어제 본 딸을 그리워합니다.

엄마: 오랜만이네….

딸: 어제 왔는데…. 어제 아들하고 며느리 다녀갔죠? 좋았어요?

엄마: 아니….

딸: 막내딸 자주 안 와요?

엄마: 어째 영 안 온다.

요양보호사: 주말에 다들 다녀가시면 외로워하세요. 애들이 없다구… 애들이 안 온다구….

가족 없이 혼자 사는 노인의 치매 유병률은 가족과 함께 사는 노인보다 1.5배가량 높다는 기사를 본 적이 있습니다. 고려대학교 안산병원 노인건강연구소의 연구 결과로, 친밀한 사람과 정서 경험을 나누지 못하면 치매나 우울증에 걸릴 확률이 높다는 보고입니다. 우울증은 75세 이상 노인 10명 중 1명이 갖고 있을 정도로 노년층에서 흔한 마음의 병입니다. 경제적으로도 어려워지는 시기에 몸도 여기저기 아프고, 가족한테는 소외당한다는 감정들이 쌓여 우울증이 생깁니다. 초기 치매와 우울 장애는 증세가 비슷해서 치매 진단 시기를 놓치기도 하고, 깊어지는 우울 장애가 원인이 돼서 치매로 심화되는 걸 모르고 넘어갈 수도 있다고 합니다.

엄마는 왜 치매에 걸렸을까요? 병명은 뇌혈관성 치매라고 하지만 시간을 거꾸로 돌려보니 또 다른 이유를 찾을 수 있었습니다. 엄마는 젊었을 때부터 당신 스스로 화병이 있다고 입버릇처럼 말씀하셨죠. 미루어 짐작건대 어릴 때부터 귀하게 자랐고, 외모도 수려했고, 여고 졸업 때까지도 선생님들의 칭찬을 듬뿍 받은 자존감 높은 여성인데, 결혼 후 경제적으로 궁핍한 삶에서 자신의 욕망을 누르며 살아야 했던 데서 기인한 '내재된 화'가 있지 않았나 생각해봅니다. 앞서 언급한 대로 채워지지 않는 헛헛함이 늘 나쁜 감정 상태로 저장되어 있었던 것 같습니다. 물론 자식들이 욕심껏 성장하지 못해서 쌓인 화도 있겠지요.

여기서 가장 중요한 것은 높은 자존감에 성에 차지 않는 현실, 이를 어떻게 받아들이고 스트레스를 어떻게 해소할 것인가인데요. 엄마의 성격은 뒤에서 이야기할 '뇌와 성격'을 알면 이해가 쉽습니다.

노후의 삶을 보면 엄마가 치매에 걸린 원인 중 다른 한 가지를 발견하게 됩니다. 65세에 교직에서 은퇴한 후 아버지는 아버지 나름대로 일상을 알차게 꾸리며 사셨습니다. 엄마는 좁은 사회적 관계망 속에서 사셨기 때문에 여고 동창 모임과 자식들과의 교류 이외에는 생활 반경이 단순한 편이었습니다.

엄마는 주로 집 안에서 보내는 시간이 많았습니다. 이와 달리 아버지는 은퇴 후에도 붓글씨를 배우고, 박 공예를 하고, 낚시를 하러 다니셨습니다. 85세 이후에는 새벽에 일어나 일본어로 성경 필사를 하시는 등 항상 책을 가까이하셨고, 운동할 겸 동네 공원을 돌며 할아버지 친구들을 사귀었습니다. 공원이 새로 출근하는 일터가 됐죠. 보청기를 끼는 유일한 시간이 동네 할아버지 친구들과 소통할 때였습니다. 집에 들어오면 보청기 잡음이 싫다면서 빼놓으니, 엄마는 적막강산에서 벽을 보고 사는 꼴이었습니다. 돌이켜 보면 엄마의 우울증은 아버지가 85세이고 당신이 80세이던 때부터 점차 깊어진 것 같습니다.

엄마에게 집은 어떤 곳일까?

평생 골골하며 여기저기 시름시름하시던 엄마지만, 큰 병은 별로 없이 사셨습니다. 심장 부정맥은 70대 중반에 발병했습니다. 치매 치료를 하는 중에도 부정맥 증상 때문에 여러 번 힘든 고비가 찾아왔었죠. 70세 이상 노인의 경우 정상 맥박 수는 80인데, 엄마는 부정맥 약을 드시고도 1분당 맥박수가 40 이하로 떨어지기도 하고 140 이상으로 급격하게 오르기도 했습니다. 두 경우 모두 생명을 위협하는 바이털 신호였습니다. 수차례 응급실행을 했지만 별다른 처치법이 있는 것도 아니었습니다. 게다가 치매를 앓고 있는 엄마에게 병원 응급실 환경은 혼돈을 불러일으키는 최악의 조건이기 때문에 매번 가야하나 말아야 하나 망설이다 어려운 결정을 해야 했습니다.

부정맥 증상 때문에 부득이 입원을 결정했습니다. 부정맥 약을 조절하려면 치매 치료를 위해 먹고 있던 약들을 4박 5일 동안 끊어야 했습니다. 해 질 무렵은 온 식구가 긴장하는 시간입니다. 엄마의 불안 증세가 걷잡을 수 없어집니다. 화난 못난이 인형처럼 급변합니다.

"집에 가자. 빨리 일으켜라."

가끔은 아버지가 명약이 됐죠. 엄마가 당신의 남편을 잊지 않았기에 가족이 함께 있는 것이라는 안정감을 주는 데 효험이 있었던 것 같습니다. 의사 선생님도 웬만하면 5시 전후로 아버님이 와 계시면 좋겠다고 하셨습니다.

집에 상주하시던 요양보호사는 휠체어를 태워 입원실 복도를 왔다 갔다 하면서 한 곳에만 쏠려 있는 엄마의 정신을 분산시키려 애를 썼지만, 길게는 두어 시간 동안 불안 증세가 지속되기도 했습니다.

엄마 기억 속 집은 어떤 장소일까요? 자신을 지켜줄 가족이 있고 익숙한 살림살이와 잠자리가 있는 곳은 분명하겠지만, 엄마가 기억하는 집이 언제 어디에 있던 집인지는 알 수가 없습니다. 처음 목욕탕에서 쓰러져 입원했다가 집에 돌아왔을 때는 집이 아니라면서 당신의 고향인 인교동에서 살고 싶다는 말씀을 하신 적이 있습니다. 30여 년을 살아온 집에서 이사한 후에는, 지금의 집을 심하게 부정하면서 공간환경에 더 적응하지 못했습니다. 같은 단지 안에 엘리베이터가 있는 동으로 이사를 했거든요. 이사하는 동안 언니 집에 머물다가 새집으로 들어갔는데, 그때는 불안·초조 증세가 극도에 달했습니다. 엄마는 집으로 가자며 워커를 끌고 자꾸 현관 쪽으로 가셨습니다. 낯선 사람이 아니라 가족에게 격하게 화를 내는 모습을 목격한 게 그때가 처음이었습니다.

연어는 자기가 태어난 곳으로 돌아와 알을 낳고 생을 마감하죠. 치어가 바다로 나가서 수년을 살다가 내비게이션도 없이, 지도도 없이 정말로 기적같이 모천으로 돌아갑니다. 이것을 귀소본능이라고 하죠. 새들도 이런 귀소본능이 있습니다. 물고기와 새가 찾은 안식처는 어떤 곳일까요? '나에게 익숙한 공간, 행복한 마음이 드는 곳, 편안히 쉴 수 있는 곳'이겠지요. 우리에게 육신의 고향이 있는 것처럼 영혼의 고향이 있음을 안다면, 치매 환자들이 불안·초조 증세를 보이며 집으로 가야 한다고 하는 이유를 이해할 수 있을 것 같습니다.

퇴원 후 집으로 돌아와 저희가 병원에서 가져온 짐을 정리하는 사이에 황당한 사고가 일어났습니다. 엄마가 휠체어에서 일어나려다 넘어지신 겁니다. 아마도 당신이 혼자서 걸으실 수 있다고 착각하고 벌떡 일어선 듯합니다. 섬망증이 그리 심하지도 않았고 부정맥도 잡혀서 퇴원한 터라 모두 안도하던 차였습니다. 손톱만큼도 의심치 않았던 일이 벌어진 겁니다. 거실 바닥에 주저앉은 엄마의 모습을 보는 순간 심장이 멎는 것 같았습니다.

퇴원한 지 5시간 만에 다시 119를 불러야 했습니다. 119를 기다리는 동안 옆에서 등을 받쳐주고 있는 며느리에게 엄마는 "힘들지, 아줌마? 더울 텐데 어떡해요"라고 하셨습니다. 며느리인지 요양보호사인지 분간을 못 한 채였지만, 더운 날씨에 당신이 기대고 있으니 얼마나 더 덥겠냐며 남을 걱정하셨습니다. 오른쪽 다리가 휙 돌아가 있으니 고관절이 골절된 게 확실해 보였고, 수술을 하게 되면 엄마는 어떻게 될지 두려움이 엄습했습니다.

고관절 수술 후 깜짝쇼, 기억의 회복

한쪽 입가에 보조개를 보일 정도로 예쁘게 웃으며 대화를 나눴던 엄마의 모습이 지금도 생생합니다. 수술이 끝나고 섬망 증세가 심하지 않기를 기도하는 동안 엄마는 다행히 회복실에서 바로 입원실로 옮겨졌습니다.

가족 모두 무사히 깨어나길 노심초사하던 중 엄마는 기적을 보여주셨습니다. 늘 자식들이 다 모이면 끼니 걱정을 하시던 모성애가 살아난 겁니다. 깨어나자마자 자식들을 보시고 "다 모였는데 밥 먹어야지"라고 하셨습니다. 건강한 노인도 수술 후에는 일반적으로 섬망 증세, 즉 갑작스러운 의식 장애가 일어납니다. 이미 치매를 앓고 있는 엄마는 섬망이 심할 수도 있다는 예고가 있었습니다. 그런데 걱정과 달리 맑은 정신으로 깨어나시니 이보다 더 기쁜 날이 있을까요?

엄마: 점심 시켜 먹어야지.

아들: 뭐 드시고 싶으세요?

며느리: 어머니 좋아하시는 국수 드실래요? 국수나무집 잔치국수 좋아
　　　하시잖아요.

엄마: 그래.

아들: (농담처럼) 국숫값은 잘생긴 아들이 낼게요.

엄마: (멋쩍게 웃음)

며느리: 잘생긴 아들이 낸대요, 어머니.

엄마: (활짝 웃음)

엄마: (손가락으로 가리키면서) 국수나무집이 저쪽으로 가야 있지?

아들: 그렇죠, 어머니. 국숫값은 잘생긴 아들이 낼게요. 걱정하지 마세요.

엄마: 아들한테 바가지 씌우네…. (자식에게 민폐 끼치지 않으려는 마음을 드러냄)

다시 깊어지는 우울증

이렇게 반짝 기운을 차린 것도 잠시, 무감동 · 무의욕에 빠져 지내

다 수술 후유증으로 우울증이 깊어지면서 감정 상태의 진폭이 더 커졌습니다. 수술 후 일주일에 3회씩 물리치료를 받아야 했는데 엄마는 물리치료사와 엄청나게 실랑이를 벌였습니다. 물리치료사는 낯선 사람인 데다 그것도 남자였으니 그가 자신의 몸을 만지면서 재활치료를 한다는 게 엄마한테는 끔찍한 일이었던 겁니다. 게다가 물리치료 과정은 일반인도 고통스러워합니다. 예전 같으면 아프더라도 참고 견디면서 치료를 받을 텐데, 지금 엄마는 낯선 남자가 자신을 아프게 한다는 사실만 인지할 뿐 재활치료를 받으면 굳어진 다리가 풀리고 걸을 수 있게 된다는 생각은 하지 않으셨습니다.

엄마는 그렇게 하루건너 만나는 낯선 총각에게 폭력 아닌 폭력을 휘둘렀습니다. 물리치료사는 꼬집히고 맞으면서도 안 하겠다고 몸부림치는 엄마를 달래가며 침대에서 일어나기, 걷기 연습을 시켰습니다. 처음 몇 번은 가족이 있으면 좀 괜찮을까 싶었지만 소용이 없었죠.

그렇게 고생스럽게 한 재활치료는 확실히 효과가 있었습니다. 골절 이후 3개월 즈음에는 워커를 끌고 걸어서 화장실을 갈 수 있을 만큼 회복됐습니다. 문제는 깊어가는 우울증이었습니다.

엄마의 기억은 어디쯤 머물러 있을까요? 낙상으로 인한 골절의 충격과 수술실에 들어가 있는 동안의 공포가 엄마를 저만치 더 멀어지게 한 건 아닐까요? 엄마의 정신이 하루 24시간 내내 흐릿한 건 아니었습니다. 가끔은 제정신이라고 말할 수 있을 정도로 상황에 맞게 대화를 하시고, 돌봐주는 요양보호사에게 고맙다는 표현도 하셨습니다.

엄마를 뵙고 저녁에 돌아올 때 운이 좋으면 "캄캄한데 어떻게 가냐? 조심히 가라!", 운이 더 좋은 날이면 "김 서방한테 쫓겨나겠다. 얼른 가라"라는 얘기도 들었습니다. 엄마와 만나고 헤어지는 매 순간 좌절과 희망이 엇갈리는 가운데 제 마음은 요동쳤습니다. 많이 나빠지지는 않았다고 스스로 위로하면서 이렇게라도 오랫동안 유지해주면 얼마나 좋을까 허망한 희망을 품기도 했습니다.

2008년 3월에 개봉한 영화 〈어웨이 프롬 허Away from Her〉에서는 44년 동안 동고동락해온 아내가 알츠하이머병에 걸려 요양원으로 들어가고 전혀 낯선 타인으로 변해가는 모습을 보면서 남편이 느끼는 감정을 섬세하게 표현했습니다. 아내의 요양원 생활이 시작된 후 남편은 아내와 함께 나눴던 추억을 떠올리며 "그대가 떠난 빈자리에서 나는 빈 시간을 살아가며 눈물짓노라"라고 읊조리는데, 저도 가슴이 먹먹해졌습니다. 아직은 이르지만 다가올 엄마와의 이별을 예감하면서 영화 속 남편의 심정이 됐습니다. 이 영화에서처럼 가족들에게서 멀어져가는 엄마의 모습에 일희일비하지 말자고 다짐하고 또 다짐했지만, 말처럼 쉽지 않았습니다.

엄마의 뇌가 알 수 없는 말을 할 때마다 저 역시 알 수 없는 감정 상태를 오락가락했습니다. 사실 엄마가 어디론가를 향한 긴 여정을 시작하던 순간부터 자식들은 모두 지옥에 떨어진 듯 암담한 시간의 연속이었죠. 엄마의 상태를 어느 정도 받아들였다 싶을 만큼 2년여의 파고를 겪었어도, 지옥과 천국을 오가는 혼돈이 계속됐습니다. 그런 상황에서 어떻게 천국이 있을까 싶겠지만, 엄마가 찰나의 기쁨을 줄 때는 정말 천상의 시간과도 같았습니다. 엄마가 잠깐이라도 치매를 앓고 있는 엄마가 아닌 진짜 엄마로 돌아간 것 같이 '이쁜 짓'을 할 때 말이죠. 하지만 제 마음 상태가 어떠냐와 상관없이 항상 엄마의 상태에 적절하게 대응해야 했기에 대부분 시간은 참으로 버겁기만 했습니다.

감정노동을 생각해보면 어느 정도 공감이 될 것입니다. 사전적 의미로 감정노동은 자신의 감정 상태를 통제하고 고객에게 맞춰야 하는 형태의 노동을 말합니다. 미국의 사회학자 앨리 러셀 혹실드^{Arlie Russell Hochschild}의 저서 《감정노동》에서 처음 소개된 정의에 따르면 "감정을 억압하거나 실제 느끼는 감정과 다른 감정을 표현하는 것"입니다. 엄마가 엄마가 아닌 상태로 가고 있는 걸 바라봐야 하는 저희 가족은 때때로 우울감에 빠졌습니다. 보통 치매 환자를 돌보는 가족들이 일반인에 비해서 우울증을 경험할 확률이 2~3배 높은 이유도 충분히 알 것 같았습니다. 짧은 순간에 기쁨을 느꼈다가 허망한 기대를 버려야 하는 시간이 반복될 때 자식들이 느끼는 감정은 노동처럼 힘겹습니다.

엄마의 이쁜 짓, "땡큐 베리 머치"

엄마를 보낼 수 없는 이유, 엄마의 손을 놓을 수 없는 이유, 엄마를 사랑하지 않을 수 없는 이유는 부르기만 해도 가슴 저릿한 '엄마'이기 때문입니다. 하지만 못된 아이처럼 감정 조절이 안 되는 엄마는 감당하기 힘겨울 때도 많았습니다. 얄궂게도 엄마는 짧은 시간이나마 기분이 괜찮을 때면 예전의 엄마로 돌아왔나 착각하게 하곤 했습니다. 아이를 키우면서 아이가 옹알이를 할 때, 첫걸음을 뗄 때, 처음 "엄마" 소리를 할 때, "곰 세 마리가 한집에 있어" 노래를 부를 때, 갖가지 재롱을 부릴 때면 우리는 잠시나마 육아의 힘겨움에서 벗어나 모성을 쏟아낼 원동력을 되찾곤 하죠. 치매를 앓고 있는 엄마도 가끔은 이쁜 짓을 해서 절망의 늪에 빠진 자식들에게 엔도르핀을 선사합니다.

고관절 수술 후 재활치료는 엄두도 낼 수 없었습니다. 종합병원 재활치료실은 넓은 체육관처럼 개방된 공간이고, 낯선 사람들이 여기저기서 자전거를 타기도 하고 걷는 연습도 하는 공간이기 때문에 엄마에겐 혼란을 주는 곳이었습니다. 그래도 일어서기라도 시켜야 한다는 정형외과 주치의의 권유로 시도는 했으나 입원했던 2주 동안 재활치료를 한 번도 해보지 못했습니다.

이대로 퇴원해서 가정간호를 할 경우, 전혀 일어나지 못하고 와상 상태로 엄마를 보내야 할지도 모른다는 생각에 저를 비롯해 자식들 모두 안절부절못했습니다. 동네 노인재활병원을 물색하면서 일일이 방문해서 치료 환경을 확인하고 1인실이 있는지도 확인했습니다. 예상대로 재활병원에 또 입원하는 것은 엄마의 상태를 더 나쁘게 할 것 같다고 판단됐습니다. 백방으로 알아본 끝에 방문 물리치료를 받기로 하고, 퇴원해 집으로 돌아왔습니다. 맥박 불안정으로 시작된 침상 생활이 고관절 골절로 더 길어지게 됐습니다. 엄마의 일상생활 반경은 더욱 좁아졌죠.

엄마의 긴 투병 생활 동안 병문안 오는 사람도 그리 많지는 않았습니다. 가족과 가까운 친척 정도인데, 부모님이 워낙 고령이다 보니 친척들도 거의 연로하셔서 발걸음을 하시기가 쉽지 않았죠.

엄마는 5남매의 맏딸인데, 아래로 여동생과 남동생을 먼저 떠나보내셨습니다. 저에게는 큰 외삼촌과 막내 이모가 남아 계십니다. 외삼촌이나 이모에게 엄마는 평생 칭송의 대상이었습니다. 매사에 자로 잰 듯이 사시는 분인지라 형제들이 곤경에 처할 때는 으레 믿음직스러운 의논 상대가 되셨습니다.

하루는 경기도 죽전에 사는 이모가 서울 목동까지 병문안을 오셨습니다. 엄마의 병세를 아시니 엄마가 어떤 반응을 보이든 이해하겠지만, 이모를 아예 못 알아보면 어떻게 하나 지레 걱정이 앞섰습니다. 천만다행으로 엄마는 침상에 누워서 이모를 반갑게 맞이하셨습니다. 이모는 큰언니가 식사도 제대로 안 한다는 말을 듣고 그 멀리서 잣죽을 손수 끓여 오셨습니다. 엄마한테는 막냇동생인 이모 연세는 71세, 치매를 앓고 있는 큰언니 병문안 오는 게 쉽지만은 않은 일이죠.

엄마: 어떻게 왔노?

이모: 언니, 괜찮아요? 자주 와보지도 못하고…. (울먹거림)

아들: 어머니, 이모가 어머니 잡수시라고 잣죽을 끓여 오셨어요.

엄마: 이게 뭐고?

아들: 잣죽이요. 이모가 끓여 오셨어요.

엄마: 아이고, 맨날 얻어만 먹고….

아들: 고맙죠? 이모한테 고맙다고 한 말씀 해주세요.

엄마: 땡큐 베리 머치. 고맙다!

엄마의 마지막 말씀에 곁에 있던 가족이 모두 환호했습니다.

65세 아들 정성기 씨가 치매 어머니와 보낸 9년 동안 밥상을 차려 드리며 기록한 간병일기 《나는 매일 엄마와 밥을 먹는다》에서 이런 고백을 했습니다. "지칠 만하면 엄마가 정신이 돌아오시곤 했다. 그럴 때면 눈물 나도록 고맙다." 엄마의 혼란이 깊어질수록 이 말이 실감 났습니다.

그 책에서 60대 중반이 된 저자의 어머니도 정신이 돌아오시면 고 마움을 표시하셨다고 합니다. 저자는 "'애비야, 고맙다. 맛있는 거 만 들어줘서 행복해.' 그러면 너무 사랑스럽지요"라고 썼습니다. 미울 때 는 밤에 잠 깨울 때, 그리고 치매 등급을 검사하러 온 기관 사람들 앞 에서 얌전한 척, 멀쩡한 척하실 때라고도 했습니다. "외부인만 오면 영어도 일본어도 툭툭 나와요. '나는 똑똑해. 멀쩡해' 이러시니 너무 얄밉죠"라는 아들의 심정을 알고도 남습니다. 90이 가까운 노모가 사랑스럽고 얄밉기도 한 그 감정을 아마도 노모가 건강하실 때는 못 느껴봤을 겁니다.

하루에도 열두 번 감동을 줬다가 절망을 줬다가 하시는 엄마. 엄마의 뇌에서는 무슨 일이 일어나고 있는 걸까요? 단기기억이 사라지고 있는 와중에도 어떤 상황은 기가 막히게 잘 이해하고, 상황에 맞는 어휘를 선택해서 말씀하실 때가 있습니다. 언제 어느 때 저장된 기억이 뇌에서 튀어나오는 건지 궁금해집니다.

· 단기기억은 현격히 떨어짐, 좀 전에 다녀간 자식에게 여전히 오랜만이라고 하심
· 시계를 볼 줄 알고 TV에 나오는 자막을 다 읽으심
· 자식들 얼굴을 명확하지는 않지만 알아보심
· 자식들 이름을 쓰실 줄 아심
· 맑은 정신일 때면 움직이는 게 불편한 상황을 인지하고, 우울감이 심해짐

2018년 여름날, 엄마는 제 곁에 있습니다.

앞에서 소개한 박성미(가명) 씨의 어머니는 2018년 가을, 알츠하이머성 치매 진단을 받은 지 3년째가 됐습니다. 여전히 밤새 10분 간격으로 변의를 호소하며 화장실을 가겠다고 딸을 깨웁니다. 딸은 차라리 눈을 부릅뜨고 밤을 새울 작정을 하고 어머니 곁을 지킵니다. 낮

동안은 먹을거리를 찾아 냉장고를 열었다가 닫았다를 수도 없이 반복하십니다. 하지만 정작 당신 입으로 들어가는 음식은 별로 없었습니다. 입에 맞는 음식, 거부감 없이 드시는 음식은 식혜가 고작이고 식사를 제대로 하지 않는 날의 연속이었죠.

저희 엄마와 달리, 성미 씨의 어머니는 우울증이 없어서인지 이상 행동을 하는 건 마찬가지지만 분노를 표출하는 경우는 별로 없었다고 합니다. 행복한 감정이 기억에서 소생할 때는 영락없이 다음과 기도문을 줄줄 꿰셨습니다. 깜빡깜빡하는 점멸등 같은 90세 노모가 가장 이쁜 짓을 하는 순간이죠. 아래는 실제 기도의 말씀을 받아 적은 것입니다.

92세 성미 씨 어머니의 기도문

하나님 아버지, 우리 성미네 가정 어 서방 항상 강건히 붙들어주시고 이 땅에 사는 동안 강건하고 생활을 충실하게 살게 도와주시고 하나님의 크신 사랑받고 하나님이 없어서 안 될 사람이 되고 항상 사랑받게 도와주옵소서.

그의 자녀 제 손주들, 항상 주님…, 그 가정 자녀 손주들 다 주님 잘 믿고, 이 땅을 빛나는 사람이 되게 도와주옵소서.

주님의 크신 사랑 받게 도와주세요.

예수님 이름으로 기도드립니다.

기억, 그 신비로운 세계

가족에게 충격적인 것은 환자가 가족의 면전에서 "당신 누구야?"라고 말할 때입니다. 기억을 잃는 것이 치매의 증상이라는 걸 알고 있어도 '설마 나를 잊다니!' 하고 놀라게 됩니다. 엄마가 그토록 사랑하는 딸을 잊을 수 있다는 사실은 믿기 힘든 현실이죠.

곁에 있는 사람 또는 가족이 누구인지 모를 때 벌어지는 웃지 못할 해프닝도 다양합니다. 어떤 치매 할머니는 밤중에 침실에 있는 남편이 누구인지 모른 채 "이렇게 밤늦게 여자 방에 있어서는 안 돼!"라면서 화를 내기도 했다고 합니다. 인터뷰한 사례자 중 치매 아버지를 돌보는 딸은 아버지가 자신을 예전의 엄마로 착각하고 "같이 잡시다!" 하는 경우도 있었다고 합니다.

'당신 누구야?' 하는 증세는 치매가 중증으로 진행되면서 보이는 사람을 잘 인식하지 못하는 분별 장애입니다. 아주 가까운 가족이라도 누구인지 모르게 되는 이유는 오랜 기억을 담당하는 뇌 영역이 손상됐기 때문입니다. 앞서 뇌의 연결성, 신경세포 간의 네트워크로 뇌가 어떻게 작동하는지 살펴봤습니다. 현재 감각기관을 통해 들어온 정보와 오랫동안 저장해온 정보를 꺼내 연결하는 능력이 떨어지는 것이 아닐까 하는 생각도 해봅니다.

특히 치매 환자의 기억 장애를 뇌과학적으로 섬세하게 들여다보면, 여러 가지 가능성을 짐작할 수 있습니다. 시각 기관과 해마와 전전두엽이 연결되지 않았거나, 연결하려고 저장된 기억을 꺼냈는데 연결 부위인 시냅스의 손상으로 정보가 길을 잃었거나, 신경전달물질이 과다하게 분비돼서 또는 너무 부족해서 신경세포 간의 소통이 제대로 이뤄지지 않은 점 등이 이유입니다.

뇌에 저장되는 기억의 종류

우리가 평생 기억하는 지식과 경험은 어느 정도의 양으로 측정할 수 있을까요? 기억의 총량을 측정하기는 어려워도 뇌 부위마다 기억의 종류가 너무나 다양하다는 것은 잘 알려져 있습니다. 뇌에는 다양한 종류의 기억이 저장됐다가 삭제되기도 하고 오랫동안 남아 있기도 합니다. 때로는 기억의 왜곡 또는 오류도 발생하죠. 예를 들어, 우리는 말할 때 기억에서 어휘를 불러와 규칙에 맞게 문장을 만드는 작업을 하는데요. 어휘를 기억하는 뇌 부위와 문장규칙을 기억하는 뇌 부위가 다릅니다. 어휘는 서술 기억이고, 문법은 비서술 기억에 속합니다.

서술 기억은 '외현 기억'이라고도 합니다. 예를 들어서 '누구랑 커피를 마셨다'와 같은 일화 기억, 즉 사실과 사건 자체에 대한 기억을 말합니다. 뇌의 바깥 끝부분에서 의도적으로 기억하거나 암기하는 전화번호, 오늘 무슨 일이 있었는지와 같은 기억도 서술 기억 또는 외현 기억에 속합니다.

비서술 기억은 '암묵 기억', '내현 기억'이라고도 하며 뇌의 안쪽 부분에서 담당합니다. 몸에 자연스럽게 익혀지는 것들, 즉 걷기, 자전거 타기, 모국어 문법 등이 있습니다. 어떤 행위를 하는 방법을 서술할 수는 없지만 자연스럽게 그 행위를 할 수 있도록 습득된 기억이라고 보면 됩니다. 비서술 기억에는 습관화된 기억이 많습니다. 습관화된 기억은 몸으로 체득되어 행해지는 것을 의미합니다. 치매 환자들에게 오랫동안 남아 있는 장기기억은 주로 비서술 기억이라고 볼 수 있습니다. 암기해서 저장된 지식이나 감각기관을 통해 일시적으로 들어오는 것은 사라져가고 몸으로 체득된 습관이나 오랜 관습, 성격 등이 장기기억으로 남는 겁니다.

기억력과 해마의 관계

이렇게 기억을 잃어가고 있는 진행형의 치매가 아니라 사고로 기억상실증에 걸렸다면, 뇌 안에서 무슨 일이 일어날까요? 보통 뇌 수술을 받았거나 뇌졸중, 허혈성 뇌질환을 가진 사람의 뇌는 안쪽 관자엽 손상이 두드러지고 인지 기능에 문제가 생깁니다. 안쪽 관자엽은 뇌에서 편도체와 해마, 그리고 이들 주변의 피질을 아우르는 큰 부위에 해당합니다. 기억을 잃은 환자들은 새로운 기억을 저장하지 못하는 유형과 이미 형성된 기억조차 훼손된 유형으로 나눌 수 있습니다. 신경학적으로 부상이나 병에서 비롯된 기억상실증은 심인성 기억상실증과 구별되는데요. 대부분의 기능성 또는 심인성 기억상실증은 새로운 학습을 하는 능력을 해치지는 않는다고 합니다.

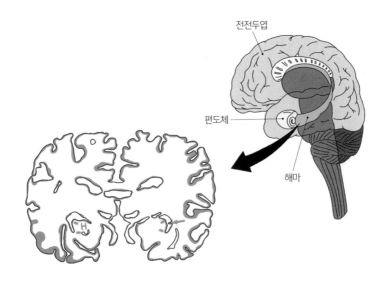

장기서술기억을 형성하는 해마의 손상을 보여주는 R.B. 환자의 뇌[1]

새로운 정보를 기억하지 못하거나 기억된 정보를 꺼내지 못하는 현상을 이해하기 위해서는 기억이 저장되는 신경학적인 메커니즘을 알아야 합니다. 노벨 생리의학상을 받은 에릭 캔델Eric R. Kandel과 래리 스콰이어는《기억의 비밀》에서 데이비드 아마랄David Amaral과 공동 연구한 여러 환자의 사례를 소개했습니다.

G.D.와 R.B.라는 두 환자는 뇌에 공급되는 혈액이 일시적으로 부족해지는 허혈성 뇌질환으로 기억상실증에 걸렸습니다. 특히 좌측 뇌 단면도는 R.B. 환자의 뇌를 얇게 썰어놓고 찍은 사진으로 안쪽 관자엽 내부에 있는 해마를 보여줍니다. 왼쪽 그림의 화살표 부위만 빼면 대체로 정상입니다. 결국 해부학적으로 해마에 속하는 작은 부분만 손상되어도 기억 결함이 발생할 수 있다는 걸 확인할 수 있습니다.

여기서 핵심은 해마가 손상됐을 때 이미 저장된 기억도 일부 훼손될 수 있다는 것과 일부 훼손되더라도 오래전 기억은 남아 있을 수 있다는 건데요. 특정 부분이 손상됐더라도 오래전 기억이 남을 가능성은 래리 스콰이어가 1970년대 정신과 환자들을 대상으로 수행한 기억의 안정화 실험 결과로 알 수 있습니다. 어느 정도가 되어야 기억이 안정적으로 저장되는지를 알아보기 위한 실험이었죠. 실험은 1950년에서 2005년까지 일어난 뉴스 기사 279건에 관한 기억을 검사하는 것이었습니다. 실험 결과를 다음 그래프가 설명해줍니다.

해마가 손상된 기억상실증 환자는 발병 후의 사건뿐 아니라 발병 직전 몇 년 동안 일어난 일들을 기억하지 못했습니다. 오히려 더 오래

전에 일어난 사건들에 대해서는 건강한 사람들과 마찬가지로 정확하게 기억했습니다. 그 기간이 어느 정도인지, 어떤 기억인지에 대해서는 미지수로 남아 있으므로 '기억의 비밀'은 아직 다 풀리지 않은 듯합니다.

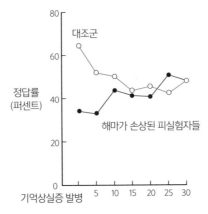

해마가 손상된 기억상실증 환자 실험. 기억상실증 환자도 대조군(일반인)과 비슷하게 25~30년 전일을 기억해냈다.[2]

해마 손상이 기억 장애에 결정적이라는 사실은 1957년 스코빌과 맥길대학교의 심리학자인 브렌다 밀너[Brenda Milner]의 연구가 뒷받침합니다. 'H.M.'으로 더 많이 알려진 헨리 구스타브 몰레이슨[Henry Gustav Molaison]에 대한 연구입니다. H.M.은 아홉 살쯤에 자전거에 치여 머리에 심한 부상을 당했고 후유증으로 간질을 얻은 환자입니다. 그는 발작을 치료하기 위해 해마와 편도체를 포함한 양쪽 측두엽 부위 절개수술을 받았습니다. 수술 결과 간질 치료에는 성공적이었지만 기억 기능에 심각한 부작용이 나타났다고 합니다. H.M.은 지능도 평균 이상이고, 성격도 정상이며, 일상적인 대화를 나누는 데에도 문제가 없었지만 수술 이후의 경험을 장기기억으로 저장하지 못했습니다. 심각한 기억 상실증이 발생한 겁니다. 기억의 핵인 해마가 제거됐기 때문입니다.

기억이 만들어지는 경로

기억이 만들어지려면 우선 정보가 감각기관으로 들어와야 합니다. 즉 보고, 듣고, 냄새 맡고, 맛보고, 접촉하는 등의 감각 정보가 뇌로 들어오면 이 정보가 서로 조합돼 하나의 기억이 만들어지는 거죠. 이후 부터는 해마가 본격적으로 기억 활동을 합니다. 뇌로 들어온 감각 정보를 해마가 단기간 저장하고 있다가 대뇌 피질로 보내 장기기억으로 저장하거나 삭제합니다.

처음 글자를 배우는 아이들은 조금씩 다르게 생긴 'ㄱ'이라는 모양을 서로 다른 문자로 인식하죠. 그런데 여러 번 비슷한 모양에 노출되면 모두 같은 'ㄱ'이라는 사실을 배우게 됩니다. 이런 게 학습 과정이죠. 이 과정을 뇌의 관점에서 보자면, 뇌의 후두정 부위에 있는 시각 피질 영역에서 눈을 통해 들어온 빛과 정보를 글자나 얼굴로 변형해서 인식하는 과정을 시각 학습이라고 합니다. 아이들에게 글자나 그림을 많이 보여주면 뇌의 시각 피질도 같이 발달하는 원리입니다. 시각피질은 시각 학습을 통해 친한 친구의 얼굴, 예쁜 옷, 재미난 장난감, 처음 보는 새 등으로 이해 범위를 넓히게 되죠. 시각 피질이 뇌의 다른 영역과 긴밀하게 정보를 교환하기 때문입니다.

좀 더 구체적으로, 친구의 얼굴이 어떻게 기억되는지 살펴볼까요? 망막에 맺힌 친구 얼굴의 이미지가 시각 피질에서 '친구 얼굴'로 기억되는 학습은 뇌에 있는 작은 신경회로에 정보가 저장되고 삭제되는 과정으로 이뤄집니다. 시각 정보가 들어오는 순간부터 신경세포 간의 연결이 촘촘해지고 구조적인 변화가 끊임없이 일어납니다. 신경세포끼리 새로운 정보를 쓰고 읽어내는 곳을 시냅스라고 하는데 마이크로미터보다 작은 신경 연접부, 즉 시냅스는 전기나 화학신호를 주고받으며 기억을 저장하기도 하고 지우기도 하죠. 같은 학생이라도 학습 능력이 좋거나 안 좋은 경우로 나뉘는 이유는 뇌에 있는 신경세포들의 개수와 상호 연결 방식에 차이가 있기 때문입니다.

무척추동물의 뇌가 2만 개의 뉴런을 지녔다면 초파리는 약 30만 개를 지녔고, 그에 비해 생쥐나 사람 같은 포유동물은 100억개 이상의 신경세포를 지녔습니다. 또 그 신경세포들은 시냅스라는 특수한 연결 접합부를 통해 대략 1000개의 다른 뉴런과 연결되어 있죠. 따라서 인간의 뇌에는 대략 100조 개의 시냅스 연결이 있는 셈입니다.

시냅스의 연결 구조는 계속해서 변화하고, 그에 따라 기능도 변화합니다. 이를 신경가소성, 뇌의 가소성이라고 합니다. 운동을 열심히 하면 근육이 굵고 강해지듯이 뇌도 쓰면 쓸수록 강해지는 이유입니다. 이는 시냅스가 많이 형성되는 효과라고 볼 수 있습니다. 치매 초기 단계에서 인지 훈련과 운동으로 뇌 혈류를 활성화하고, 즐거움을 느낄 수 있는 활동을 권하는 이유가 여기에 있습니다. 우리는 뇌를 통해 움직임과 감각, 기억, 마음이라는 선물을 얻었고, 뇌를 자극함으로써 잃어버린 기억과 감각, 행복한 감정을 어느 정도 되살릴 수 있습니다. 치매의 조기 발견과 치료가 필요한 이유이기도 합니다.

신경세포 하나에서도 감각계와 중추신경계에서 받은 정보를 통합해서 운동계로 보내는 뇌의 사이클이 있다!

기억의 시작, 시냅스

인체의 정보 흐름 과정에서 알아야 할 키워드는 신경세포의 구성원들인 세포체, 축삭돌기, 수상돌기들입니다. 이들이 서로 정보를 입력하고 발화하는 주체들이죠. 세포 간의 정보 소통에 중요한 부위가 시냅스이고, 여기에서 기억이 시작됩니다. 다시 말해, 시냅스가 약해지면 기억력이 떨어집니다. 정도의 차이가 있을 뿐 뇌의 노화 과정에서 일반적으로 나타나는 현상이지만, 치매의 경우는 기억을 담당하는 해마와 기억 정보를 주고받는 통로인 시냅스가 손상되어 갖가지 증세가 복잡하게 나타납니다. 기억이 저장되지 않고, 저장된 기억을 불러오지 못하면 뇌는 혼돈에 빠지게 됩니다.

　기억을 저장하는 데에는 두 가지 역할이 필요합니다. 활동 전위의 세기와 신경전달물질의 변화인데요. 신경세포는 시냅스 접촉을 통해 자신의 활동에 관한 정보를 다른 뉴런들 또는 근육이나 샘 같은 기관으로 전달합니다. 이때 뉴런은 자기 내부에서의 신호 전달, 즉 뉴런의 한 구역 또는 부위에서 다른 구역으로 정보를 전달하기 위해 천편일률적인 활동 전위를 사용합니다. 뉴런이 시냅스를 통해 다른 세포로 정보를 전달할 때도 신호의 세기가 다양한 시냅스 전위를 사용하게 되므로, 두 가지 유형이 모두 기억을 저장하는 데 중심 역할을 합니다.

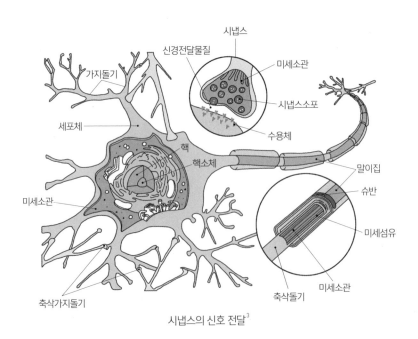

시냅스의 신호 전달[3]

뉴런과 뉴런 사이 시냅스라는 신경도로, 표적세포에 필요한 정보를 전달하는 도로가 잘 닦여 있어야 표적세포에 빨리, 그리고 강하게 신호를 전달할 수 있습니다. 이때 신경전달물질의 역할이 중요합니다.

한 세포의 시냅스 전 말단은 시냅스 틈새 너머 시냅스 후 표적세포의 세포 본체나 수상돌기들과 소통을 해야 합니다. 활동 전위가 시냅스 전 말단에 도달하면, 그 전기신호로 인해 화학적 시냅스 전달자chemical synaptic transmitter 또는 신경전달물질neurotransmitter이라고 불리는 간단한 화학물질이 분비됩니다. 신경세포가 흔히 사용하는 신경전달물질은 아미노산, 글루타메이트glutamate, 감마 아미노뷰티르산(가바Gaba), 아세틸콜린, 에피네프린, 노르에피네프린, 세로토닌, 도파민 등의 아미노산 유도체입니다.

신경전달물질과 호르몬은 시냅스를 통해 다른 세포에 정보를 전달할 때 쓰이지만 크게 두 가지 다른 점이 있습니다. 첫째 신경전달물질은 대개 호르몬보다 훨씬 더 짧은 거리에서 작용하고, 필요한 세포를 선택해서 전달하는 능력이 큽니다. 신경전달물질은 1000분의 1초인 밀리초 단위로 스프링클러처럼 방출한다고 합니다. 반면 호르몬의 효과는 몇 초에서 며칠이 걸릴 정도로 장기간 지속되기도 하죠. 둘째 신경전달물질은 뉴런에서 생성되는데 호르몬은 내분비계통에 속합니다. 그래서 호르몬은 혈류를 타고 전달됩니다. 공통점은 신경전달물질과 호르몬 둘 다 신체의 다양한 활동을 조절하는 매우 중요한 화학 물질이라는 점입니다.

8장

엄마의 뇌에
'정서'를 묻다

엄마의 기억 속 공포는 어떤 모습일까

잦은 낙상 사고는 엄마를 공포 트라우마에 갇히게 했습니다. 엄마는 75세 전후로 골다공증에 의한 척추측만 증세가 시작됐습니다. 척추측만증이란 척추가 옆으로 굽고 휘어지는 것으로, 척추가 변형되면서 몸의 중심이 틀어지고 골반이나 어깨의 높이가 서로 다르거나 몸통이 한쪽으로 치우치는 병입니다.

척추측만증인 엄마는 늘 자세가 비뚤어져 걷는 것도 부자연스러웠습니다. 걸음의 부조화로 자꾸 발을 헛디뎌 넘어지는 일도 잦았습니다. 골다공증으로 뼈가 푸석푸석해서 조금만 부딪히거나 넘어져 충격을 받으면 여지없이 뼈가 부러졌습니다. 그러다 보니 팔목, 어깨 부위, 발등에 이르기까지 여러 번 골절상을 입었습니다.

치매 진단 이전에는 그런대로 조리를 하면서 회복을 했습니다. 뼈가 붙으면 일상생활을 예전처럼 할 수 있다고 생각해 물리치료도 열심히 받으셨기에 가능한 일이었죠. 골절로 인한 운동 기능 저하를 극복하기 위해서는 인지와 사고가 뒷받침되어야 가능한 일이라는 걸 그때만 해도 잘 몰랐습니다. 엄마는 워낙 뭐든 열심히 하는 성격이어서 오십견으로 고생할 때도 의사가 시키는 운동요법을 하루도 빠짐없이 해서 고치셨거든요.

척추측만증은 집 안에서도 주저앉거나 방바닥에 앉는 자세를 힘들게 했습니다. 침대를 사용하기 시작한 것도 척추측만증이 심해지면서부터였습니다. 엄마가 거실장 안에 있는 보일러 조절기를 만지려다 주저앉아 일어나지 못해 끙끙댔던 일, 화장실에서 일어나다 바닥에 주저앉아 구조를 요청했던 일 등 여러 번의 낙상 경험은 대부분 기억이 지워지는 중에도 뿌리 깊게 자리를 잡았습니다. 엄마는 혼자서 일어설 수 없는 시간 동안 어마어마한 공포감을 느껴야 했습니다.

그럼에도 거동이 불편한 상태임을 잊고, 예전에 자유롭게 걸어 다녔던 시간으로 엄마의 뇌는 역주행합니다. 그 찰나의 시간은 엄청난 사고로 이어졌습니다. 멀쩡히 아버지가 옆에 있었는데도 워커에서 손을 떼고 한 발자국 떼다 뒤로 픽, 밤 사이 일어나 살금살금 거실까지 가다가 철퍼덕, 위험 상황이 셀 수도 없이 연달아 닥쳤습니다. 딸들과 아들, 며느리가 항상 CCTV로 엄마를 관찰하지만 녹화된 것으로 뒤늦게 확인하기 때문에 멍든 이마와 어깨, 뒤통수, 허리, 다리 쪽 근육통으로 신음하는 엄마를 볼 수밖에 없었습니다.

낙상은 노년기의 적입니다. 물론 저희 엄마가 골절상을 하도 많이 입어서 더 심각하게 다가오는지도 모르겠습니다. 돌부리에 걸려서 넘어진 건 척추측만증으로 걸음걸이가 불안해서였지만, 당신 몸을 관리할 여력이 없었던 그 시대 엄마들의 뼈는 고단한 삶의 징표 같았습니다. 골다공증은 문에 살짝 부딪혀도, 주저앉듯이 스르르 넘어져도 뼈가 부러지는 참상을 유발합니다. 치매로 자신의 몸이 쇠약해진 것을 잊은 채, 갑자기 벌떡 일어나 걷다가도 낙상 사고가 비일비재하게 일어납니다.

얼마 전까지 간호조무사로 요양병원에서 일한 이숙자(가명) 씨도 어머니가 낙상 이후 인지 기능이 눈에 띄게 떨어지는 걸 경험했습니다. 78세 때 초기 알츠하이머성 치매 진단을 받은 어머니는 장기요양 등급을 받고 주간보호센터를 다니셨습니다. 주간보호센터를 가려고 길을 나섰다가 보도블록 턱에 걸려 넘어져 고관절이 부러졌다고 하는데요. 수술 후 재활병원에 두 달이나 있었지만 재활은 좀처럼 쉽지 않았습니다. 퇴원 후 집에서 모셨는데, 섬망증이 심했습니다. 입원과 수술은 치매를 더 악화시켰습니다.

2년 전에 엄마를 떠나보낸 나신아(가명) 씨 어머니도 비슷한 사례입니다. 남동생이 모시고 사는데 2층으로 가다가 넘어져 팔 골절, 고관절 골절로 두어 차례 수술을 받았습니다. 치매 증세로 나타나는 집착과 자신이 충분히 일어날 수 있다는 착각이 부른 화였습니다. 신아 씨 어머니는 뇌출혈 때문에 반신이 자유롭지 않았음에도 그런 일이 생겼습니다.

잦은 낙상은 움직여야 한다는 인지를 마비시켰습니다.

그리고 공포 기억으로 남아 과격한 반응을 일으켰습니다.

엄마의 뇌가 공포를 느낄 때면 과격한 반응이 나오곤 했습니다. 이유는 편도체 문제였습니다. 대뇌 측핵과 중심핵으로 이어지는 신경 회로에 공포 기억이 저장되는데, 이 회로를 조절하는 도파민 수용체가 제대로 기능하지 못하고 시냅스의 신호 전달 세기가 지속적으로 강화되는 현상이 일어나기 때문입니다. 약한 공포를 학습시켜 '뇌의 습관화'가 일어났으면 시냅스의 신호 전달 세기가 저하됐을 텐데, 잦은 낙상 사고는 엄마의 뇌에 강한 공포 신호를 보냄으로써 장기기억으로 뇌에 새겨지게 된 겁니다. 과도한 스트레스로 도파민 수용체가 제 기능을 하지 못하게 되면서 일종의 스트레스 장애 현상을 일으키게 되는 거죠. 장기적으로 시냅스의 신호 전달 세기가 떨어지지 않아 공포 반응이 커지는 현상입니다.

좋은 기억, 나쁜 기억

엄마에게 낙상 경험이 아주 나쁜 감정이어서 기억의 뿌리가 깊다면, 좋은 감정 역시 오래도록 살아 있는 기억입니다.

2018년 가을 무렵 저는 〈나비잠〉이라는 영화를 보면서 엄마를 다시 한번 이해하게 됐습니다. 〈나비잠〉은 일본 소설에 매료돼 무작정 일본으로 유학을 떠난 작가 지망생이 우연히 베스트셀러 작가를 만나게 되면서 벌어지는 감정의 파고를 그린 멜로 영화입니다. 한국 청년 찬해는 유전성 알츠하이머를 앓고 있는 료코와 사랑에 빠졌는데 행복한 기억을 언젠가 잊어버릴지 모른다는 생각에 괴로워했습니다. 1년 후 요양원에서 만난 그녀는 추억에서 사랑의 감정을 끄집어냈고, '기억을 못 하겠지만 기억했다'라는 찬해의 독백으로 끝을 맺습니다. 저희 엄마가 기억을 못 하겠지만 기억하는 건 어떤 걸까요?

엄마가 총명하던 때의 기록입니다.

딸: 공모주는 주식하고 달라요?

엄마: 공모주는 나오는 거 그냥 받아서 팔면 손해는 안 보는데, 일반 주식은 중간에 오른 거를 사서 나중에 손해 봐.

딸: 엄마는 공모주만 했어요?

엄마: 내가 겁이 많잖아.

딸: 그래서 일반 주식은 못 하고 공모주만 했어요?

엄마: 응, 그래.

딸: 엄마, 그래서 재미 많이 봤어요? 지금 많이 했어요?

엄마: 에이 뭘….

딸: 안 했어요? 저축 많이 해서 우리 넷 다 대학 보냈잖아요.

2018년 2월, 엄마는 저도 잘 모르는 공모주와 일반 주식의 차이를 제법 잘 설명했습니다. 엄마는 교사인 아버지의 월급으로 자식 넷을 교육시키느라 근검절약하셨고, 한푼 두푼 모이면 이자 많은 금융권을 찾아 메뚜기처럼 옮겨 다니면서 나름의 재테크를 하셨습니다. 아버지의 교직 생활 초창기에는 보너스 제도가 없어 오로지 월급만으로 생활하셨으니까 늘 허리띠를 졸라매야 하는 삶이셨죠. 그나마 보너스 제도가 생기면서 종잣돈을 만드셨고, 소심한 성격 탓에 일반 주식의 리스크가 두려워 안전한 공모주에 투자하셨던 것 같습니다.

엄마가 나름대로 재테크를 열심히 하신 덕에 아버지 은퇴 후에도 자식에게 손 벌린 적 없이 사셨고, 간병비도 엄마가 모은 돈으로 충당하고 있습니다. 그러니 엄마에게 공모주를 해서 적은 돈이라도 얻었을 때의 기쁨과 성취감은 아주 좋은 감정으로 남았죠. 감정 기복이 있는 가운데서도 맑은 정신일 때 엄마는 예전의 총명함을 자랑했습니다. 참 신기하죠. 많은 것이 엄마의 뇌에서 빠져나가고 있는데 깨알 같은 좋은 감정 기억이 남아 있다니 말입니다.

그런가 하면, 치매 진단 후 초기 몇 달간은 첫사랑 타령을 하셔서 우리의 심금을 울렸습니다. 엄마의 첫사랑이 누구일까요? 물론 사랑까지는 아니었어도 그 시절 서울 총각인 아버지에게 시집오기 전에 엄마를 쫓아다니던 총각이 몇 있었다고 합니다. 전형적인 유교 집안에서 자란 엄마에게 연애란 있을 수도 없는 일이었죠. 한번 만나볼 엄두도 못 내고 엄마는 당신의 할아버지 중매로 아버지를 두 번 만나고 시집을 왔습니다.

결국 엄마의 첫사랑은 첫딸이었습니다. 부유한 가정의 금지옥엽 맏딸로 태어나 남부럽지 않게 자랐던 엄마가 홀시어머니와 시동생이 함께 사는 산동네 집에서 신접살림을 시작했습니다. 이토록 적막강산 같은 삶 속에서 한 줄기 빛처럼 첫딸이 태어났습니다. 물론 아이 키우기가 고된 줄은 알지만, 엄마에게 큰언니가 얼마나 커다란 삶의 이유였을지 미루어 짐작할 수 있었습니다.

희한하게도 엄마는 아프기 시작하면서 유난히도 첫사랑이 보고 싶다며 거의 매일 첫딸을 찾았습니다. 웬만해서는 감정 표현을 직접적으로 하지 않으시는 분인데 첫째 딸이 오면 "아이고 보고 싶었는데…. 오랜만이네" 하시고, 큰딸이 갈 때는 주차장까지 내려와서 먼발치에 서서 바라보셨습니다. 항상 이제 가면 못 볼 것 같은 아쉬운 마음이셨던 것 같습니다.

아무도 엄마의 속내는 알 수가 없고 왜 그렇게 첫사랑이 그립냐고 물어도 봤지만 뾰족한 답은 없었습니다. 한결같이 따라 나오는 이야기는 '희우를 데리고 마포강에 가나, 두고 가나 했다'는 말씀만 반복하셨습니다. 두고 갈 수도 데리고 갈 수도 없는 절박함으로 몇 날 며칠을 보냈던 기억이 엄마를 붙잡고 있는 듯했습니다. 64년 전 삶을 포기할 뻔했던 기억 때문에 엄마의 뇌 속에 더 생생하게 살아있는 딸, 살아서 60이 넘은 딸로 감정이입이 되는 것 같았습니다.

감정 기억이 오래 남는 이유

'새로운 것이 옛것보다 먼저 소멸되고, 옛것은 오래 남는다.' 기억 장애로 시작된 치매의 대표적인 증세입니다. 어제 다녀가고 오늘 다시 온 딸에게 오랜만이라고 하시는 엄마의 뇌에는 새로운 것이 입력되지 않은 지 벌써 오래됐습니다. 어느 시점의 기억이 남아 있는지는 가늠하기 힘들어진 상태지만, 장기기억으로 남은 것들이 분명 있었습니다.

단기기억보다 장기기억이 오래가는 이유는 시냅스의 변화에서 답을 찾을 수 있는데요. 치매 초기에는 단기기억들의 시냅스가 약하기 때문에 최근 기억부터 먼저 사라집니다. 물론 치매가 진행되면서 결국 시냅스의 기능이 떨어지는 것은 세포가 물리적으로 없어지고 모두 죽어가기 때문입니다. 시냅스의 변화를 인위적으로 만들기는 쉽지 않지만, 시냅스에 변화를 주는 장기 강화 작용에 대해서 많은 연구가 이뤄지고 있습니다.

시냅스의 변화를 신경세포 수준에서 이해한다면, 평소에 5라는 자극에 반응을 보인 시냅스 후 세포Postsynaptic neuron에 거듭해서 자극을 가하면, 이후에는 같은 자극에 10이라는 반응을 보이게 됩니다. 이런 증가된 반응이 오랫동안 지속되는 것을 LTPLong-Term potentiation(장기 강화 작용)라고 합니다. 반대로 자극을 가한 시냅스 후 세포의 반응이 감소하는 현상은 LTDLong-Term Depression(장기 억압 작용)이라고 합니다.[1] 장기 강화 작용과 억압 작용으로 시냅스가 변합니다. 한편 학습의 습관화로도 신경세포의 신호 전달 능력을 키울 수 있습니다.《기억의 비밀》에서는 기억의 습관화가 신경세포들의 신호 전달 능력에 관여한다고 밝히고 있는데요. 그 책에서는 기억의 습관화를 이해하는 데 도움이 되는 우화를 소개합니다.

거북을 한 번도 본 적 없는 여우가 숲에서 처음으로 거북과 마주쳤을 때, 여우는 너무 놀라고 겁에 질려 거의 죽을 지경이었습니다. 두 번째로 거북을 만났을 때, 여우는 여전히 크게 놀랐지만 처음처럼 심하지는 않았죠. 세 번째로 거북을 봤을 때, 여우는 한결 대담해져서 거북에게 다가가 친근하게 대화의 물꼬를 텄습니다.

학습의 습관화는 부적절하고 과도한 방어 반응을 제거하는 구실을 한다는 해석이 가능합니다. 우리 등 뒤에서 갑자기 장난감 총이 발사되는 소리가 들리면, 우리 몸 안에서는 자동으로 여러 가지 변화가 일어나는데요. 심장박동이 빨라지고, 호흡이 가빠지며, 동공이 확대되고, 때에 따라 입안이 마르기도 합니다. 그 소음이 반복되면 이런 반응들은 잦아들게 되죠. 이처럼 이런저런 형태로 반복적으로 경험하는 학습 유형을 습관화라고 합니다. 습관화는 시냅스를 변화시켜 사라져가는 기억을 유지시키는 데 도움이 되죠.

책에서는 '동물의 습관화 연구'[2]를 통해서 뇌에서 학습과 기억이 어떻게 일어나는지를 설명합니다. 학습이 신경세포들의 신호 전달 능력을 변화시킨다는 것을 보여주죠. 이 변화가 유지되면 기억이 형성됩니다. 다시 말해 무척추동물인 군소(바다 달팽이)의 감각 뉴런을 건드려 아가미 움츠림 반사 신경회로를 보니 시냅스 연결과 세기, 신경전달물질 방출 등에서 변화가 관찰됐는데, 이는 기억 저장 메커니즘 중 단기 습관화로 만들어진 기억이 오랫동안 유지된다는 것을 의미합니다.

강한 자극이 오랫동안 지속되면 학습의 습관화를 일으켜
장기기억으로 남습니다.

한 인간이 일생을 살면서 무엇을 느끼고, 무엇을 배우고, 무엇을 경험하느냐가 시냅스의 변화를 만드는 중요한 단서가 됩니다. 그러나 시냅스가 사람마다 다르고 시냅스 습관화에 따라 변할 수 있는 가소성이 있기 때문에 같은 사람이더라도 오늘과 내일이 다르겠죠. 한순간의 연결을 한다고 해도 어떤 정보가 얼마나 오랫동안 기억으로 저장되는지 알 수 있는 방법은 아직 없습니다. 뇌 부위의 연결 구조만으로는 뇌 전체의 흐름을 알 수 없을 뿐 아니라, 세포들의 무수한 상호 작용을 함께 봐야만 뇌가 실제로 어떻게 작동하는지를 알 수 있기 때문입니다.

다만 중요한 발견은 경험을 통해 시냅스를 강화하거나, 새로운 시냅스를 만들면서 신경세포들이 네트워크를 형성한다는 사실입니다. 우리 뇌는 장기기억 중에서도 삭제할 것은 삭제합니다. 또한 매 순간 경험에 의해 입력되는 세부적인 정보를 선별적으로 저장하는 능력이 있습니다. 일반적으로 어떤 것은 망각할 수도 있고, 어떤 상황은 오랫동안 기억하기도 하죠. 치매에서 나타나는 망각의 정도는 일반적으로 기억을 선별적으로 저장하는 능력과는 별개입니다. 신경 퇴행성

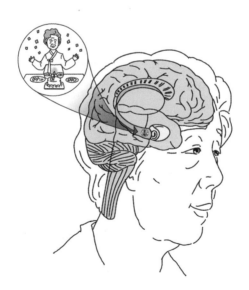

엄마의 뇌에서 일어나는 기억의 뉴런 활동 패턴[3]

질환으로 나타나는 망각 증세는 심각한 장애 수준일 때를 말하기 때문입니다.

왜 어떤 기억은 삭제되고 어떤 기억은 더 오래 남을까요? 어떤 기억의 단편에는 뇌에서 일어나는 특수한 활동 패턴이 있습니다.[4] 기억은 삶의 한순간을 비디오카메라로 정확히 촬영하여 보존하는 기능을 하는 것이 아니라 오히려 무언가를 기억하려고 하거나 과거에 발생했던 불안정한 뇌 상태를 되살리려 할 때 뇌의 상태를 말합니다.

만약 엄마의 생일잔치가 있었다면, 그 자리에서 엄마가 경험하는 것에는 아들과의 대화로 켜지는 활동 패턴이 있을 것입니다. 맛있는 중국 요리 유산슬의 맛을 느끼는 것도 있고, 종업원이 실수로 샥스핀 수프에 손가락이 담기는 장면도 기억에 남을 만한 하나의 세부사항이 될 수 있습니다. 각기 다른 뉴런 점화 패턴을 유발하는 단상들이죠. 이 모든 패턴이 연결되어 방대한 뉴런 활동의 연결망을 이루고, 해마는 그 연결망을 거듭 되새겨 고착화합니다. 연결망은 곧 엄마가 경험한 사건의 유일무이한 지문이며, 그 지문이 생일잔치에 대한 엄마의 기억에 해당하죠.

그런데 그 생일잔치에 대한 기억은 언젠가부터 퇴색하기 시작합니다. 살면서 더 기억에 남을 만한 생일잔치가 생기고, 회혼례 때처럼 분홍색 한복이 너무 잘 어울려 여기저기서 이쁜 할머니라는 소리를 들어서 행복했던 잔칫날도 경험합니다. 그럼 '생일'이나 '잔치' 뉴런들이 다른 기억 연결망에 동원되면서 애초의 기억은 퇴색하고 새로운 기억이 생겨나겠죠. 생일잔치 때 먹은 음식 때문에 배탈이 났다든가 그날 자식들이 싸움을 벌였다든가 한다면, 그날 뭔가 애들 분위기가 이상했다거나 자기가 뭔가 얘기를 잘못해서 자식들이 화가 났다든가 하는 식으로 기억의 오류를 만들어낼 수도 있습니다. 기억은 시간에 따라 순서대로 차곡차곡 아무 간섭 없이 쌓이는 것이 아니라 다른 기억으로 덮일 때도 있고, 잘못된 기억으로 저장될 때도 있으니까요.

좋은 감정 기억은 오래 남는다

기억은 다양한 형태로 뇌에 저장되는데 나쁜 감정과 좋은 감정은 기억력에 지대한 영향을 미칩니다. 우울, 불안 같은 부정적 감정은 뇌 건강에 좋지 않습니다. 나쁜 감정은 뇌의 신경 전도를 방해해서 뇌 기억력 저장고의 정보 처리 능력에 제동을 걸 수 있기 때문입니다. 반면 명랑하고 밝은 감정을 가질 때는 신경 전도가 순조롭게 이뤄져 기억 속에 갖고 있는 모든 능력을 잘 발휘할 수 있습니다. 그럼 나쁜 감정과 좋은 감정은 치매 환자의 기억력에 어느 정도의 영향을 미칠까요?

미국 국립과학원회보[PNAS]에 따르면 치매 환자들이 자신의 기억을 잊어버려도 감정은 상당 기간 지속될 가능성이 있다고 합니다. 이는 미국 아이오와대학교 연구팀이 기억상실증[amnesia] 환자를 대상으로 한 연구인데, 기억상실증은 장기기억으로 전환하는 기능을 수행하는 뇌의 기억 중추인 해마가 손상돼 나타나는 질환입니다. 노인성 치매 환자가 장기기억을 잃어버리는 초기 증상과 유사한 것으로 보고, 감정 기억 실험을 했다고 하는데요. 환자 5명에게 각각 어느 날은 즐거운 영화를, 또 다른 날에는 슬픈 영화를 20분씩 보여주고 10분 후 영화의 내용을 물었습니다. 10분밖에 지나지 않았는데도 모든 환자가 영화 내용을 기억하지 못했지만, 영화에 대한 느낀 점을 말하는 과정에서 흥미로운 사실이 발견됐습니다. 모두 슬픈 영화를 봤을 때 서러웠던 감정을 기억한 것입니다. 그중 2명은 특히 서러운 기분이 오랫동안 남아 있다고 답했습니다.

치매 환자는 가족이 자신을 돌봐주더라도 그 사실을 오래 기억할 수 없습니다. 다만 돌봐줄 때 어떤 감정으로 자신을 대했는지에 따라 기억이 좌우될 수 있다는 것입니다. 요양원의 어느 간호사가 말하길 "요양원에 거주하는 치매 환자는 가족이 찾아오거나 전화를 걸면 그 사실 자체를 금방 잊어버리지만 기분 좋은 느낌은 어느 정도 지속된다"라고 했습니다. 저희 엄마 역시 주말이면 자식들이 다 모여서 이런저런 말을 걸다가 한꺼번에 다 돌아가고 나면 우울해하고 불안한 기색이 역력하다는 요양사의 증언과 일치했습니다. 가족들이 낯설어졌지만 식구라는 느낌, 편안하고 따뜻한 감정 기억은 오래 남는다는 이야기입니다.

뇌의 비상경보, 부정적인 감정 지우기

우리는 살면서 나쁜 감정을 피할 수는 없습니다. 어떤 상황이든 스트레스를 받게 되는 상황을 만나게 되고, 이때 교감신경계가 흥분하면서 뇌는 비상 태세를 갖추게 됩니다. 그때 스트레스 호르몬인 코르티솔을 분비하죠. 영화 〈헐크〉에서처럼 이미 신체적으로는 근육이 커지고 난폭한 성미를 드러내게 됩니다. 특히 해마에는 코르티솔을 받아들이는 수용체가 많은데, 코르티솔 농도가 짙어진 상태가 오래 지속되면 수용체가 활동을 멈추게 됩니다. 그래서 해마의 기능도 위축되고 기억 능력이 저하됩니다. 감정을 다스리는 편도체가 치매로 인해 부정적 감정에 집착하고 있을 때는 공포 감정의 힘이 세져서 기억을 담당하는 해마의 기능을 위축시킵니다. 해마와 편도체는 뇌에서 공동 작업을 하는 부위이므로 이 둘이 균형을 잘 맞출 때 감정 기억이 정상적으로 저장됩니다.

엄마 재활 치료 해야 돼요.

싫어~

무섭단 말이야.

악

콰당

엄마 공모주는 주식하고 달라요?

공모주는 나오는 거 그냥 받아서 팔면 손해 안 보는데, 일반 주식은 중간에 오르는 거 사가지고 나중에 손해 보지.

한때 주식으로 돈 좀 모았었지!

참 신기해. 어떤 기억들은 오래간단 말이야···.

9장

엄마의 뇌에
'혼돈'을 묻다

엄마는 어디로 가고 있는 걸까

엄마는 지금 어디쯤 가고 있을까요? 엄마의 시곗바늘은 어디를 향해서 달려가고 있을까요? 이제 엄마와 어떤 대화를 하고, 어떤 자극을 줘야 할지 막막해졌습니다. 우울증 약을 추가하고 수면 유도를 위해 원래 먹던 약과 다른 약을 더 드시는데도, 새벽 3시까지 잠을 이루지 못합니다. 무엇보다 저녁 무렵부터는 "집에 가야 한다. 여기는 집이 아니다" 하며 불안에 휩싸이는 엄마를 보기가 정말 힘듭니다. 엄마의 뇌가 말하는 시간은 몇 시이며, 자기가 있는 곳이 어디라고 신호를 보내는 걸까요? 혼돈의 늪에서 헤매고 있는 모습에 가슴이 미어지지만, 간병인과 자식들은 이런 엄마를 어떻게 달래고 안정감을 줘야 할지 몰라 당황하게 됩니다.

방으로 들어갔다가 거실로 나왔다가 거실 베란다 쪽으로 가서 바깥에 자동차 불빛이 즐비한 풍경을 보여주면 엄마는 "다들 집으로 들어가는데…"라며 한숨을 쉽니다. "엄마가 계신 곳이 집이에요"라고 아무리 말을 해도 엄마의 불안감은 커져만 갑니다. 불안감이 해소되지 않은 채 시간이 갈수록 엄마는 "저기 의사가 있으니 저쪽으로 가자", "저기 누가 지나간다"라고 뜬금없는 이야기를 하는가 하면, 가끔은 망상을 하시는 것 같았습니다.

밤에 깊은 수면을 취하지 못하면서 몽롱하게 깬 상태에서 헛것을 보거나 잠꼬대처럼 헛소리를 하시기도 했습니다. "쌀이 없는데, 쌀을 안 사 왔다"라거나 "니 언니한테 전화해야 하는데 전화번호를 모른다"라거나 간병인에게 헛소리를 하는 모습이 CCTV에 보일 때면 달려가고 싶은 마음이 굴뚝 같았습니다. 한편 두렵기도 했죠. 점점 심해지는 엄마의 증세에 어떻게 대처해야 할지 엄마의 혼돈 속에 덩달아 함몰되는 것 같고, 무력감마저 들었습니다.

가끔은 주무시는 아버지를 깨워서 엄마 옆에 앉히고, 이곳이 집이라는 안정감을 주려고도 했습니다. 몇 번은 아버지가 평생 함께 살아온 사람이라는 걸 아시는 것도 같았습니다. 굳이 말로 표현하지 않아도 알 수 있었죠. 그러나 그렇게 밤새 엄마 곁을 지키기에는 아버지 또한 너무 연로하셨습니다. 아버지가 오래 버티고 앉아 계시지는 못했지만, 불안에 떨고 있는 엄마를 마음으로는 십분 이해하셨습니다. 치매를 앓고 있는 아내의 뇌를 이해하기보다는 죽음 가까이 가고 있는 당신이 가끔 느끼는 두려움에 대한 인지상정 또는 동병상련으로 엄마를 바라봤던 것 같습니다. "방에 콕 박혀서 가족도 없이 타인인 간병인만 곁을 지키고 있으니 혼자 버려진 듯한 외로움이 얼마나 크

겠느냐"라는 게 아버지의 해석이었습니다.

엄마가 혼란스러워 할 때 가족이라고 뾰족한 수가 있는 건 아니었습니다. 상주하는 간병인은 자의 반 타의 반으로 여러 차례 바뀌다가 어렵게 정을 붙인 한국인 요양사가 생겼습니다. 엄마의 불안감이 해질 무렵부터 심해지고 설상가상으로 자다가 나가겠다거나 헛소리를 하는 등 수면 장애가 악화됐습니다. 이럴 때 안정감을 줄 묘약은 도대체 무엇일까요?

깊은 밤 CCTV 속 엄마의 모습은 혼돈 자체였습니다.

간병인만 있으면 놀라서 뛰어갈 일이 줄어들 줄 알았습니다.
간병인이 24시간 돌보니, 불의의 낙상 사고는 없을 줄 알았습니다.
간병인이 엄마의 화와 분노에 잘 대응할 줄 알았습니다.
간병인이 식사 · 약 · 목욕 거부 증세를 잘 극복해줄 줄 알았습니다.

그러나 가정간호를 간병인에게 맡긴다고 보호자가 두 손 놓고 있을 만큼 치매 부모를 돌보는 일은 호락호락하지 않습니다. 항상 엄마 집 근처에 대기하고 있다가 어떤 위기의 순간에도 119가 되어줄 가족이 필요합니다.

기쁨과 슬픔의 롤러코스터

엄마, 왜 그래?

화와 우울로 얼룩진 엄마의 시간들.

중기에 접어든 엄마의 심연 속에 본능만 가득해 보인다.

어쩌다 반짝이며 우리에게 이쁜 짓 하는 엄마.

짧아지는 그 시간을 기록하는 데에도 순발력이 필요하다.

– 2018년 5월 15일

엄마의 광기 어린 눈빛, 20분 반짝.

족욕을 시켜주며 기분전환을 유도해본다.

엄마 시원해요? 엄마 기분 좋지?

엄마 표정에는 희로애락이 없다.

묻는 말이 잘 들리지 않아서인지

들었는데 무슨 의미인지 몰라서인지.

괴로운 표정이다.

생각해보니 이미 오후 5시를 넘어가는 시간이다.

황혼 증후군이 나타나고 있었다.

– 2018년 5월 18일

오늘은 맑음 그러나 흐림

언제 왔노? 누고?

먼저 말을 건넨다.

질문을 한다

밖이 무지 덥제?

저녁밥은 있나?

그날 엄마와의 대면은 행복하게 시작됐다.

기분 좋을 때 뇌에 자극을 줘야 한다는 강박이 생겼다.

엄마와 마주 앉아 폭풍 기억력 테스트에 들어간다.

엄마, 내 이름은? 옆에 언니 이름은?

희제는 누구 아들?

아들 멀리 사는데 어디서 살아?

우리 집 전화번호는?

기억의 저편.

니 재우지.

한참 기억의 조각을 이어 붙이며 뜸 들이다가 얘기하신다.

일부러 '모른다'고 농담까지 섞으신다.

모른다고 하는 건 자신을 인지한다는 거다.

희제는 아는데 누구 아들인지는 모른다.

자식들 전화번호 줄줄 읊어대던 엄마는

이제 반 토막 힌트를 주면 반의 반 토막을 알아맞힌다.

엄마의 맑음이 주는 기쁨도 잠시

작년만 해도 제일 친한 친구였던 복희 아줌마가

치매 걸려 자신을 못 알아본다고

천하의 몹쓸 병이라고 한탄하던 엄마에게

그 기억을 꺼내보려던 시도는 산산이 부서진다.

여고 동창 친한 친구 누구 있지?

복희.

복희 아줌마 보고 싶어?

보고 싶지.

왜 못 봐?

….

많이 아프시지?

몰라.

절망으로 끝났다.

이쯤 되면 엄마의 기억력 테스트는 이제 그만.

– 2018년 8월 15일

잠도 못 자면서 헛소리를 하는 엄마의 뇌는

무엇을 말하고 있는 걸까요?

엄마의 뇌, 혼돈에 빠지다

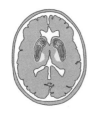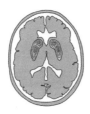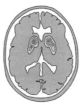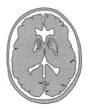

정상인, 본태성 진전, 초기 파킨슨병, 진행된 파킨슨병 환자의 뇌 PET 영상[1]

파킨슨병은 치매와 함께 꼽히는 대표적인 퇴행성 뇌질환입니다. 파킨슨병은 중뇌의 흑색질이라 불리는 부위의 도파민 세포가 점점 사멸해가면서 발생합니다. 흑색질 신경세포의 변성이 왜 일어나는가에 대해 아직까지 확실하게 알려진 것은 없습니다. 파킨슨병에서는 기본적으로 운동 장애가 나타납니다. 엄마는 우울증으로 도파민과 세로토닌 분비량이 균형을 이루지 못한 상태에서 수면 장애가 더 심해졌습니다. 고관절 수술 후 화장실조차 가지 못하는 상황이 되고 거실로의 이동 횟수도 줄어들면서 파킨슨병 증세가 두드러지게 나타나기 시작했습니다.

서울대학교병원 파킨슨병센터 홈페이지에 공개된 자료에 따르면, 파킨슨병의 주요 증상은 네 가지입니다. 떨림, 경직, 서동증, 자세 불안정이죠. 떨림은 동작이나 행동을 멈추고 편안한 상태에 있을 때 주로 나타나는 증세이고. 경직은 근육의 긴장도가 올라가 관절이 잘 안움직여지는 증상입니다. 서동증이란 움직임이 느린 상태를 말하는데, 주로 걸을 때 한쪽 팔을 느리게 흔든다거나 무표정을 하고 목소리가 작아지며 글씨를 작게 쓰는 증상이 나타나기도 합니다. 엄마의 두드러진 증상은 왼쪽 다리를 끌고 왼쪽 손의 떨림이 먼저 왔고, 워커로 걸음을 뗄 때 앞으로 쏠리는 증세와 휠체어에 앉을 때 왼쪽으로 기우는 증세도 나타났습니다.

파킨슨병 진단을 받았던 2018년 6월에는 파킨슨병 초기 2단계였습니다. 균형 장애가 없는 양측성 질환으로 전체 균형을 유지하는 데에는 지장이 없는 정도였으나, 불과 6개월 사이에 파킨슨병이 더 진행됐습니다. 오른쪽 도파민 세포가 더 많이 사멸됐는지 왼쪽 팔, 다리,

자세 등에서도 증세가 나타났습니다. 파킨슨병은 약물치료를 받더라도 도파민 신경세포의 변성이 서서히 진행되기 때문에 처음에 시작한 약물치료가 어느 시점에서는 효과가 떨어져 새로운 문제들이 나타나게 됩니다. 이런 경우 약물의 용량을 변화시키거나 약물 종류를 바꾸어 문제를 해결해야 한다고 합니다.

3평짜리 깜깜한 독방에 갇히다

자신이 누구인지, 지금 어디에 있는지, 어떤 행동을 했거나 해야 하는지와 같은 판단이 서지 않으면 누구나가 경험할 수 있는 불안감을 치매 환자는 매일 느끼면서 살아갑니다. 그 마음을 정확히 읽고 대처한다면 안정을 되찾게 되겠지만, 그리 쉬운 일은 아닙니다. 우울 장애를 극복한 사람의 경험담을 들어보면 '어둠 속에서 발목이 사슬에 붙잡힌 채, 가슴에 거대한 쇳덩이를 매달고 고꾸라질 것 같은 몸을 억지로 추스른 채 공포에 떨며 걷는 수준'의 기분이라는데 이를 어떻게 공감할 수 있을까요? 여기에 대해 두 가지 임상 연구가 답을 해줍니다.

첫째, 독방에 갇혀 있을 때의 뇌 상태를 뇌과학서인 《더 브레인》은 실감 나게 설명합니다. 인간이 사회적 동물이기 때문에 우리 뇌는 사회적 상호 작용에 의존한다고 전제하고, 감옥에 갇힌 지 1년 후에 석방되어 오랫동안 외상 트라우마로 인한 우울증에 시달린 사람의 사례를 들어 뇌 상태를 설명했습니다. 연구 대상인 피실험자는 2009년 평화 활동을 하던 세라 슈드$^{Sarah\ Shourd}$와 남성 동료 2명인데요. 이라크 북부 산악지대를 걸어서 여행하던 중 불행한 사고를 당합니다. 아메드 아와 폭포에서 이란 국경 경비대에게 미국 스파이 혐의로 체포된 겁니다. 두 동료는 한 감방에 갇혔지만 세라는 그들과 떨어져 독방에 감금됐습니다. 그녀는 무려 410일 동안 하루에 30분씩 독방에 있었다고 하는데요. 다음은 독방에 감금됐을 때 어떤 감정을 느끼고, 어떤 기억을 했는지에 대한 그녀의 증언입니다.

독방에 갇히고 몇 주, 몇 달이 흐르면 당신은 동물과 비슷한 상태로 전락한다. 당신은 대부분의 시간을 서성거리면서 보낸다. 동물과 비슷한 상태는 이윽고 식물과 더 비슷한 상태로 바뀐다. 당신의 정신은 느려지기 시작하고 생각은 반복된다. 당신의 뇌는 맴돌면서 극심한 고통의 원천이 되고 최악의 고문이 된다. 나는 내 삶의 모든 순간을 다시 체험하곤 했다. 그러다가 결국 당신의 기억이 고갈된다. 당신은 모든 기억을 당신 자신에게 이미 여러 번 들려줬다. 이 지경에 이르기까지 그리 오래 걸리지 않는다.[2]

연구자는 세라의 상황을 두고 "사회적 상호 작용이 없는 상태에서 겪는 심리적 고통이 외부 세계와의 접촉에서 멀어져 환각 상태에 빠지게 된 경우"라 말했습니다.

세라는 감방에 있을 때의 환각 상태를 우리가 상상할 수 있도록 섬세하게 표현했습니다. 감방 안에 한 줄기 햇빛에 비친 먼지 입자들이 타인들로 보이고 그들끼리 무언가를 하고 있는데 자신은 소외됐다는 느낌을 받았다고 합니다.

둘째, 《더 브레인》의 저자인 데이비드 이글먼이 본 감방에 갇힌 무장 강도의 이야기입니다. 그는 샌프란시스코에 있는 감옥 섬 앨커트래즈에서 특수한 감방을 본 후, 실낱같은 빛조차 새어들지 않고 소리도 완벽하게 차단된 그곳에 갇히면 어떤 기분이 들까 하는 궁금증이 들었다고 합니다. 그곳을 경험한 무장 강도 로버트 루크를 만났을 때 루크는 "갇혀서 이틀만 지내면 벽에 머리를 찧는 녀석들이 있었다"라고 고백했다고 합니다.

외부 세계로부터 완전히 격리된 채 아무 소리도 없고 빛도 없는 환경에 놓인 루크의 눈과 귀는 아무 입력도 받아들일 수 없었다. 그러나 그의 정신은 외부 세계에 대한 생각을 버리지 않았다. 그의 정신은 그냥 계속해서 외부 세계를 지어냈다.[3]

이 이야기는 사람이 눈과 귀에 아무런 정보가 들어오지 않아도 뇌에서는 시각 활동을 계속하면서 현실처럼 여기고, 일반적으로 새로운 감각 정보가 없는 환경에 처했을 때 몽상과 환각을 경험하게 된다는 것입니다.

엄마는 잠깐 화장실 가려고 움직일 때를 제외하곤 온종일 3평짜리 좁은 방에서 지냈습니다. 그 시간이 길어질수록 엄마의 정서와 인지는 혼돈에 빠지는 것 같았습니다. 엄마에게 3평짜리 방은 마치 감방처럼 느껴졌을지도 모릅니다. 파킨슨병 증세로 몸이 뻣뻣해져서 움직이기 힘들어졌기 때문에 침상에 누워 있는 시간이 길어졌고 망상이나 환각, 헛소리 같은 증세를 보였습니다.

왜 그런 증세가 나타나는지 이제는 알 것 같습니다. 독방에 갇힌 죄수처럼 뇌는 방 밖의 세계와 보이지 않는 교류를 계속하고 있는 거죠. 현실 속 누군가와 대화를 하듯이 말하는 증세가 그렇습니다. 부정맥으로 맥이 불안정할 때나 낙상으로 고관절 수술을 하고 '자신이 움직이지 못한다는 자각'이 되면서 우울증이 깊어갈 때, 수면 장애가 심해질 때 등의 시기에는 갇혀 있는 듯한 자신을 느낍니다. 엄마의 이 모든 상태는 뇌가 네트워크로 서로 영향을 주고받으면서 치매 증세를 악화시키고 있음을 말해줍니다. 혼돈의 늪에 빠져서 허우적대는 엄마를 도와줄 길이 없는 것 같아 막막했습니다.

3평짜리 엄마의 방,

혼자 있는 시간.

뇌에서는 쇼가 계속되고 있다.

미안해요, 그리고 고마워요

　사례자 중 56세인 이숙자(가명) 씨는 어머니가 일주일에 한 번 교회에 다니셨던 그때가 그립기만 하다고 합니다. 알츠하이머성 치매 진단을 받을 당시 어머니의 연세가 78세였는데요. 초기에 언어 장애로 시작된 치매는 기본적인 욕구를 해결하는 데 필요한 말조차 제대로 할 수 없는 상태로 발전했습니다.

　자식들 이름도 잊었고 냉장고에서 무슨 반찬을 꺼내라는 일상적인 말조차 하지 못하게 됐지만, 더 무서운 건 변비였습니다. 관장을 해야 하는데 엎드려라, 배에 힘을 줘라 하는 말을 알아듣지 못했으니까요. 말을 잊으면서 일상생활에 필요한 행동도 잊었습니다. 세수를 어떻게 하는지, 밥을 어떻게 먹는지 몰라 반찬 가지고 장난만 칠 때도 있었다고 합니다. 퇴행성 뇌질환으로 가장 흔한 알츠하이머성 치매가 숙자 씨의 어머니에겐 언어 장애로 찾아온 것입니다.

　숙자 씨 어머니의 삶은 순식간에 무너졌습니다. 어머니의 상태는

'아프다'는 표현과 추운 겨울 밖에서 들어온 딸의 얼굴을 만지며 "차가워, 싫어"라고 말하는 정도가 됐습니다.

딸이 엄마의 진자리를 갈아줘야 할 때

엄마는 고관절 수술 이후, 배변과 수면 문제로 애를 태웠습니다. 자식의 진자리 마른자리 갈아주시던 엄마였는데, 이제 거꾸로 딸이 진자리를 갈아줘야만 하게 됐습니다. 그런데 어린아이가 아닌 치매를 앓고 있는 노인 아이라는 데 차이가 있습니다. 무조건적인 사랑을 주셨던 엄마, 자식이 원하는 것이라면 어떤 희생도 마다하지 않으셨던 엄마, 그렇게 꼿꼿하게 당신의 고단한 삶을 살아내셨던 엄마. 이제는 어릴 때 보던 그 모습으로 갱년기 나이가 된 막내딸 앞에 계십니다.

신경정신과에서 정의한 치매 환자의 정신이상 행동들을 오롯이 지켜보면서 딸인 저도 화가 나고, 받아들이지 못해서, 슬프고, 아프고, 불쌍한 감정이 드는 상황이 3년째 반복되고 있습니다. 물론 '엄마의 뇌'를 알게 되면서 엄마와의 틈이 많이 좁아져서 딸로서 화가 나는 감정은 조금 줄어들었습니다.

식사나 배설, 목욕은 인간에게 기본적으로 해결되어야 할 일상의 행위이기 때문에 순간순간 많은 선택을 하게 됩니다. 식사를 거부하거나, 반대로 먹은 걸 잊고 계속 먹으려고 하는 엄마에게 어떻게 식사를 적당히 하도록 할 것인가, 배설 감각을 잘 느끼지 못하는 엄마에게 어떻게 배설을 유도해야 할까, 씻기를 거부하는 엄마를 어떻게 깨끗하고 단정한 예전의 모습으로 유지시킬 수 있을까 등은 간병하는 모든 보호자가 고민하는 문제입니다. 이 기본을 충실히 해내는 것이 환자의 문제 행동을 예방하고 대처하는 비결이 되겠죠.

엄마의 배변 타이밍을 맞춰라!

치매는 단계별로 상태를 유지시켜 진행을 늦출 수는 있지만, 완치는 어려운 질병입니다. 뇌의 어느 부위가 어느 정도 손상됐는지는 뇌 MRI를 찍지 않아도 증세를 보면 어느 정도 가늠할 수 있습니다. 굳이 MRI를 통해 진단을 받지 않은 건 엄마에게 또다시 죽음과도 같은 공포감을 주고 싶지 않아서였습니다. 병원이라는 공간, 뇌 영상 촬영을 하는 과정은 엄마에게 엄청난 공포를 안기는 일이기 때문입니다. 그래서 뇌가 어느 정도 손상됐는지, 어느 정도 인지력이 나빠졌는지 정확히 알 수는 없었지만 고관절 수술 후 더욱 힘들어진 배변 문제는 저희 가족이 '우리의 소원은 대변 잘 보기'라고 외칠 정도로 간절해졌습니다.

엄마의 고관절 수술 후 의사 선생님은 부러진 부위가 잘 붙었고 재활치료만 잘 받으면 걷는 데는 문제가 없다고 했습니다. 그러나 치매가 있는 환자가 고관절이 골절되는 경우 치료 과정은 말도 못 하게 지난합니다. 재활치료를 제대로 받기가 어렵기 때문이죠. 우선 엄마 자신의 의지가 없다는 게 가장 큰 문제였고, 넓은 공간에 가서 기구들을 이용해 재활치료를 하는 것도 힘들었습니다. 그러다 보니 제 바람은 소박해졌습니다. 걸어서 화장실을 다닐 수 있게만 해달라고 기도했습니다.

소변 때문에 화장실에 자주 가고 싶기는 한데, 방에 있는 이동 변기는 쓸 생각도 하지 않으셨습니다. 앞서 말한 것처럼 수치심 때문에 동작 동결 상태에 빠지게 하기도 했습니다. 가능하면 변기에 앉아서 소변을 봐야 요의가 있을 때 화장실에 가는 것을 잊지 않으실 텐데요. 그래서 상주 요양사와 함께 노력을 해봤지만, 밤새 뒤척이다가 결국은 소변 실수를 하는 일이 잦아졌습니다. 할 수 없이 88세 가을 즈음 기저귀를 사용하기 시작했습니다.

저를 낳고 진자리 마른자리를 돌봐주셨던 엄마가 어린아이로 돌아가는 게 순리일까요? 엄마는 아직도 기저귀에 대변을 보시는 건 힘들어하십니다. 누워서 힘을 줄 수도 없을 뿐 아니라, 대변을 누워서 본다는 사실 자체를 거부하셨습니다. 대변은 확실하게 화장실에서 보고 싶다는 의지를 나타내셨죠,

"엄마, 대변 보고 싶으면 말씀하세요", "엄마, 대변 보러 화장실 갈까요?"라고 수시로 물었는데 변의가 있으면 휠체어에서 몸을 일으키고 싶어서 들썩들썩하셨습니다. 워커에 의지해서라도 걸을 수 있어

야 하는데, 지난겨울부터는 그것조차 힘들어졌습니다. 휠체어에 태우고 화장실까지 가서 엄마를 들어 변기에 앉혀야 했죠. 엄마의 몸무게가 50킬로그램 조금 넘는 아담한 체구임에도, 스스로 힘을 전혀 주지 못하니 간병하는 사람 혼자서 하기는 힘든 상황이었습니다.

변의가 있어도 제때 화장실을 갈 수 없는 엄마. 배설은 인간의 기본 욕구인데, 엄마가 참고 있다는 게 너무 안타까웠습니다. 가까이 사는 딸이 저녁 무렵 들러 변기에 앉히면 곧바로 대변을 보셨습니다. 대변 보실 때 엄마는 "내 죽는다. 살려줘"라고 하시다가 목욕을 시켜드리면 시원해하면서 "살았네" 하셨습니다.

딸: 엄마, 엄마 살리려고 그러는 거예요. 힘주세요.

엄마: 내 죽는다. 뭐 하는 기고?

딸: 대변 보시고 목욕하면 시원하고 좋잖아요.

엄마: …. (몸부림칠 기력도 없어짐)

엄마의 대변 처리를 마무리할 때쯤이면 온몸이 땀으로 범벅이 됩니다.

50대 딸들은 배변 실랑이를 벌이다 보면 팔, 어깨, 허리 등이 욱신욱신할 만큼 근육통이 이만저만이 아닙니다. 하지만 그것보다 고통스러운 것은 기본 욕구조차 마음대로 할 수 없는 엄마에 대한 연민이었습니다. 엄마가 남은 생을 최소한 인간답게 보내도록 하고 싶은 마음뿐입니다. 지난 시간을 돌이켜 보면, 배변할 때마다 벌이는 엄마와의 실랑이도 이제 얼마나 남았는지 모르는 일이기 때문입니다. 지금이야말로 인간적인 연민과 엄마를 향한 사랑이 가장 필요한 때가 아닌가 싶습니다.

엄마가 변의를 느낄 때 곧바로 도와드리지 못해 미안합니다.
그래도 힘을 줘서 대변을 보시는 엄마가 고맙습니다.

배변 감각에 빨간불이 켜지다

뇌에 감각이 전해져도 알아채지 못하는 걸까요? 배변에 대한 느낌, 소변이 마려운지 대변이 마려운지를 식별하기 어려워진 상태, 또 대소변이 마려울 때 어떻게 해야 할지 상황 판단이 잘 안 되거나 화장실을 찾지 못하는 경우도 있습니다. 그래서 더 절박해지고 불안해하다 결국 배변 실수를 하게 됩니다.

엄마는 화장실이 보이는 위치에 있을 때는 화장실 쪽을 가리키면서 가고 싶다는 의사를 표현하셨습니다. 또는 "화장실 여기서 멀지?"라고 묻기도 하셨죠. 침대에 누워 있는 상태에서는 화장실이 어딘지, 자신이 화장실을 갈 수 있는지 모르는 가운데 대소변이 마려운 상황이 될 때가 많았던 것 같습니다. 참고 있다가 기저귀에 본 경우 또는

다 보지 못한 상태에서 화장실로 가 나머지 일을 보는 경우 엄마는 여전히 수치심 때문에 화를 내셨습니다. 대소변 전후의 엄마는 기분이 좋을 때가 거의 없었습니다. 실수한 걸 깨닫고 말문을 닫거나, 실수한 자신을 딸이 뒤처리하는 것에 자존심이 상해 분노로 표출하시곤 했습니다.

배설 케어의 기본은 귀찮더라도 꼭 화장실에 가서 일을 보도록 유도하는 것입니다. 화장실에 가고 싶다고 할 때나 그 징후가 느껴지면 식사 중이라도 화장실로 모시고 가는 게 좋습니다. 규칙적으로 아침 식사를 한 후 화장실에 가시게 하는 것도 방법입니다. 화장실에서 하는 일이라는 걸 잊지 않도록 하는 게 중요하니까요. 일찍부터 기저귀로 해결하려고 한다면 기본적인 배설 능력을 잊을 수도 있습니다.

엄마는 고관절 수술 후 소변을 기저귀로 보게 했는데, 초반에는 어떻게 기저귀에 일을 보느냐며 말도 안 된다고 손사래를 쳤습니다. 그렇지만 몸이 말을 듣지 않는 상태를 받아들이셨는지 이제 소변은 기저귀에 보시는 게 자연스러워졌습니다. 여전히 기저귀를 갈 때는 기저귀를 붙들고 내리지 못하게 하기 때문에 실랑이를 벌이곤 하지만 말입니다. 얼굴이 익숙한 상주 요양사라도 당신이 소변 실수를 했다는 걸 인식할 때는 거부 반응이 심해집니다.

이런 방법은 치매 3년째인 엄마를 돌보면서 배변 문제를 푸는 열쇠가 됐습니다. 인간의 기본 욕구인 배설을 스스로 해결하지 못하는 엄마가 대변을 속 시원히 보는 날, 딸은 손뼉을 칩니다.

엄마의 뇌는 난공불락

현재까지 치매에 대해서는 손상된 뇌 부위를 표적 치료하지는 못하는 실정입니다. 망가진 세포를 재생시키거나, 노폐물이 쌓인 부위를 찾아서 집중 공격해 없애는 방법은 아직 없기 때문에 병증이 호전되기가 쉽지 않습니다. 다만, 뇌가 관장하는 부위의 신경세포들이 끊임없이 서로 교류하고 돕기 때문에 뇌와 정서, 뇌와 인지, 뇌와 운동의 관계를 네트워크로 이해하면 약물치료 과정에서 발생하는 부작용을 줄이고, 치료 효과를 높이는 데 도움이 됩니다. 수면을 돕기 위해 약을 바꾸면서 벌어진 일련의 혼란은 뇌세포들이 실타래처럼 얽히고 설켜 있어 악순환을 가져온다는 사실을 방증합니다.

- 수면장애 치료제 투약
  - 적당한 수면 시간을 유지하기 어렵다.
  - 지나치게 오래 잔다.
  - 운동성이 떨어진다(파킨슨병 심화).
  - 기분이 나쁘다.
  - 무기력, 무감동, 무의욕 상태가 지속된다.

- 약 용량 조절: 수면 장애 치료제↓, 인지 기능 개선제↑, 파킨슨병 약↑
  - 적당한 수면 시간을 유지하기는 여전히 어렵다.

- 수면의 질은 약간의 변화했다.

- 운동성이 조금 생긴다.

- 관심과 의욕이 생긴다

- 불안증이 감소한다.

엄마가 목욕탕에서 쓰러진 후, CCTV는 엄마의 생명줄과도 같아졌습니다. 지난 2년여의 시간 동안 CCTV 속 엄마의 모습은 많이 달라졌습니다. 치매 초기에 밤새 화장실을 드나들고, 집 안을 배회하고, 휴지로 닦기를 반복했던 엄마가 차라리 그리워집니다. 엄마의 일상은 단순해졌습니다. 깨어서 활동한다는 게 거실에 나와 앉아 서너 시간 TV를 보는 둥 마는 둥 하는 정도가 전부가 됐습니다. 저녁 7시가 넘으면 침대에 눕고 싶어 하셨습니다. 낮에 활동을 많이 해야 밤에 잘 주무실 텐데, 밖으로 나가 산책도 하고 아프기 전에 하셨던 간단한 일이라도 해야 몸을 움직이게 될 텐데 이제는 현실적으로 불가능한 일이 됐습니다.

상주 요양사가 가끔 주방에서 일하실 때 엄마를 곁에 두고 콩나물 다듬기 같은 간단한 일을 하시게 했습니다. 그 정도는 예전 엄마처럼 잘하시는 편이지만 그것도 기분이 좋을 때 가능한 일이었죠. 새벽 2~3시까지 잠을 못 주무시고, 일어나서 밖으로 나가겠다고 떼를 쓰시는 일이 다시 시작됐습니다. 또 다른 혼돈의 시작이었죠.

치매가 진행되면서 엄마의 뇌에는 질풍노도의 시간이 주기적으로 찾아왔습니다. 예약된 날짜가 아닌 외래 진료는 하늘의 별 따기인데, 긴급하게 의사 상담이 필요한 날에는 새벽부터 달려가 겨우 약 처방을 받아 오기도 했습니다. 수면제를 바꾸면서부터 엄마는 다시 혼돈에 빠졌습니다. 밤에 잠을 잘 주무시게 하려다 모든 게 엉망진창이 되어버렸습니다.

치매 초기에는 대부분 인지 기능 개선제, 즉 아세틸콜린 분해효소 억제제Acetylcholinesterase inhibitors를 먹습니다. 세계적으로 50%의 시장을 점유하고 있는 약제는 패치형인데요. 기억력 유지를 돕고, 뇌에서 신경 전달물질로 사용되는 아세틸콜린이라는 화학물질이 정상적으로 유지되게 해서 인지 기능 향상을 돕는 약입니다. 엄마는 치매 진단 이후 계속 어깨에 패치를 붙였는데 인지가 향상되는지 확인할 겨를이 없이 행동 장애가 찾아왔습니다. 이와 함께 우울증, 불안증, 분노 표출 등의 감정 조절 장애 증세가 나타나 날마다 놀랍고, 날마다 좌절인 세월이었습니다.

망상·환각·분노·초조·수면 장애에는 항정신병 약을 드시고, 불안과 우울증에는 항우울제를 처방받았습니다. 항정신병 약과 항우울제는 졸음의 약효까지 기대한 처방이었습니다. 신경 계통의 약은 대부분 입마름이나 메스꺼움, 변비 등의 부작용을 유발하며 가끔은 어지럼증이나 빈맥 등의 이상 증세를 동반하기도 합니다. 엄마는 입마름, 메스꺼움, 변비의 부작용 때문에 이에 대한 약도 함께 드셨습니다. 그동안 항우울제와 항불안제로 수면을 유도해 주무시게 했는데,

이제 기존의 약만으로는 잠을 못 주무시기 때문에 약을 바꿔보기로 했습니다. 항정신병 약 중 좀 강한 약과 단순하게 잠을 자게 하는 수면제를 드시게 하면서 한 달 정도를 씨름했죠.

뇌의 네트워크는 모두 연결되어 있다

온종일 잠에 취해 흐느적거립니다.
깨어 있는 시간이 없을 정도입니다.
일어나질 못합니다.
누워만 있다 보니, 몸의 경직이 심해졌습니다.
불안증이 더 심해져서 집에 가자고 난리입니다.
화가 나 있는 상태이니 약을 먹일 수가 없습니다.

불안과 화를 잡는 게 급해졌습니다. 약을 먹어야 하기 때문이죠. 단순 수면 유도제는 엄마에게 부작용이 심해서 다시 원위치로 돌아가 기존 항우울제와 항불안제의 용량을 늘리기로 했습니다. 누워만 있은 지 일주일도 채 안 됐는데, 몸의 경직이 심해졌습니다. 파킨슨병이 진행되고 있는 것 같았습니다. 약을 바꾼 후 그런대로 주무시면서 불안증이 조금 나아졌습니다.

수면제를 바꾸는 동안 엄마는 완전히 기력을 잃었습니다. 약을 조절하는 동안 물리치료도 중단했습니다. 종일 누워 있다 보니 대소변이 문제였습니다. 대소변을 누워서 보실 수밖에 없는데 누워서 배변을 한다는 걸 엄마가 받아들이지 못할 뿐만 아니라, 생리적으로도 대변은 누운 채로 잘 나오질 않는 겁니다. 다시 상담을 통해 인지 개선 치료제인 패치의 용량을 늘리기로 했습니다. 저녁에 다른 부위에 패치를 추가해서 써보기로 했습니다.

- 인지 기능 개선제, 항우울·항불안제, 파킨슨병 약 투약 반응
  - 침대에 누워서도 조금씩 몸을 들썩입니다.
  - 움직이려는 의욕이 생기고 있습니다.
  - 감정 상태가 좋아졌습니다.
  - 인지가 좋아져서 어떨 때는 대화도 하십니다.
  - 인지가 좋아지니, 자신의 처지를 한탄하시기도 합니다.

모두 약을 조절하면서 벌어진 일들입니다. 약을 바꾼 후 어떤 기능이 좋아지니까 연쇄적으로 어떤 증세가 호전되는 것을 알 수 있었습니다. 뇌는 어느 한 부위, 어느 한 신경세포가 개별적으로 역할을 하는 것이 아닙니다. 각각의 네트워크로 치밀하게 연결되어 맞물려 돌아갑니다.

예를 들어 기분이 나쁘면 기억을 끄집어내는 능력을 제대로 발휘하지 못합니다. 엄마를 만날 때마다 크게 뽑아놓은 가족사진을 들고

가족의 얼굴과 이름 맞추기 테스트를 하는데, 약을 바꾸는 동안 엄마의 답은 "몰라"였습니다. 금세 "머리 아프다"라고 하면서 현실에서 도피하셨죠. 엄마가 기억 저장소에서 기억을 소환하지 못할 때면 그랬습니다. 기분이 나쁘면 움직이려고도 하지 않습니다. 무의욕, 무관심 상태가 계속되면 운동성을 잃게 되기 마련이죠. 감정과 운동성과 인지력은 같이 굴러가는 수레바퀴입니다.

10장

엄마의 뇌에
'성격'을 묻다

뇌가 말하는 그녀의 성격

　인간의 희로애락이 담겨있는 뇌, 한 사람의 삶이 고스란히 담겨있는 곳이 바로 1.4킬로그램의 뇌입니다. 뇌가 있기에 마음이 생겨나며, 뇌는 개인의 정체성을 결정하는 존재라고 알려져 있죠. 한 사람의 뇌는 뇌의 일생을 통해 그 사람의 정체성을 만들기 때문에 '너 자신을 알라' 라는 말은 곧 '너의 뇌를 알라' 라는 말과 같습니다.

　'엄마의 뇌는 엄마, 그리고 그 여자'라는 생각이 듭니다. 병이나 부상 때문에 뇌가 변화하면 성격과 행동도 변화한다는 걸 치매를 앓고 있는 엄마를 통해 알 수 있었습니다. 뇌는 엄마가 무엇을 해왔고, 지금 누구인지를 보여주는 거울입니다. 이런 뇌가 변화를 겪는 사이 거울에 비친 엄마 자신의 모습, 심신도 함께 변하게 됩니다. 엄마가 보고 느끼고 경험한 모든 것이 끊임없이 신경망을 재편성하고, 그 신경 연결망들을 요약하면 엄마 자신이 되죠. 어쩌면 엄마의 기억 속에 있는 것들이 엄마 자신의 정체성으로 자리 잡고 성격을 만들었는지도 모릅니다.

지금 엄마는 자신의 기억을 저에게 말해줄 수가 없습니다. 제 기억에 오류가 있을 수도 있고 해석이 실체와 다를 수도 있지만, 제 머릿속에 있는 기억들로 엄마의 성격을 추리해봤습니다.

나이대별로 그려본 엄마의 뇌와 성격

엄마의 다양한 삶에서 단일한 정체성을 마치 한 가닥의 실처럼 풀어낼 수 있습니다.

- 여섯 살 먹은 엄마: 외할머니 외할아버지의 지극한 사랑을 받았다(위로 두 명의 자식을 홍역으로 잃은 후에 얻은 귀한 첫째 딸).
- 10대 청소년인 엄마: 일제 강점기에 고등학교 시절을 보냈다. 경북 지역의 명문고에 1등으로 입학했으며 자존감이 높다.
- 20대 후반인 엄마: 가난한 서울 총각에게 시집와 고단한 시집살이를 했다.
- 50대 중반인 엄마: 첫딸을 시집보내고, 남은 3남매를 양육하느라 정신없는 나날을 보냈다.
- 70대 초반인 엄마: 오매불망 막내딸 결혼시키려던 염원을 풀었지만, 아픈 손가락인 자식들에 대한 심적 고통은 지속되고 있다.
- 치매 진단 3년째인 엄마: 엄마는 자신을 모른다.

단순히 제가 자라면서 들었던 엄마의 지나온 발자취를 되살려 엄마의 성격을 가늠해본다면 이러합니다. 엄마가 제게 들려줬던 엄마 자신에 대한 이야기와 제 기억의 조각만으로 여러 나이대의 엄마를 정확히 묘사할 수는 없겠지만, 최대한 근접한 엄마의 뇌에 성격은 어떻게 자리매김했을지 상상해봤습니다.

성격은 다양한 기억(서술 기억, 비서술 기억)이 뇌에 장기적으로 쌓여서 만들어내는 보이지 않는 정신 기능입니다. 우리가 살면서 의사결정을 할 때, 사회적으로 소통할 때 등 수많은 상황에서 행동력을 일으키는 뇌의 중요한 기능입니다. 신경증 정신 질환이 있는 환자의 뇌는 대뇌 피질이 두껍고 주름이 적다는 학계의 보고를 본 적이 있습니다. 불안 장애가 있는 뇌와 창의적이고 적극적인 성향의 뇌가 다른 모양이라고 한다면, '뇌와 성격'은 틀림없이 긴밀히 상호 작용을 한다는 방증이 되겠죠.

육체 운동이 중요한 이유

사람은 누구나 일생을 통해 자기 삶에 만족하고 행복하기를 바랍니다. 그런데 만족감과 행복감은 삶의 질이 향상되지 않고는 얻을 수 없죠. 삶의 질을 구성하는 요소는 각자의 상황과 조건에 따라 조금씩 달라질 수 있지만 일반적으로 건강, 재정, 독립적 생활을 꼽을 수 있습니다.

첫째는 육체적 · 심리적 · 인지적으로 정상적인 상태를 뜻하는 건강관리를 얼마나 잘해왔는가, 개선하려는 노력을 얼마나 했는가에 따라 달라지는 요소입니다. 둘째는 재정적 문제입니다. 재정적 문제도 건강과 비슷해서 관리를 얼마나 잘해왔는가에 따라 안정적인 노후 생활을 도모할 수 있다는 점에서 개선의 여지가 있습니다. 셋째 독립적인 생활은 앞의 두 요소가 갖추어지면 저절로 해결되는 문제입니다. 육체 및 정신이 건강해서 자유롭게 활동할 수 있으며, 경제적 안정 덕분에 일상생활을 하는 데 남에게 의존할 필요가 없는, 젊었을 때와 별반 다름없이 살 수 있는 바람직한 상태가 유지되면 좋겠죠.

이 세 가지 중에서 가장 중요한 것은 육체적 · 심리적 · 인지적 건강입니다. 이를 위해서 지금 당장 누구든지 손쉽게 할 수 있는 방법이 육체 운동이죠.

육체 운동은 뇌의 혈액순환을 촉진해 뇌세포를 활성화해줍니다. 뇌 기능과 육체적 기능을 촉진하는 각종 활성화 물질은 음식으로도 공급할 수 있고, 운동은 신진대사에 도움을 주는 방법입니다. 결론적으로 말해서 운동만큼 값싸고 손쉬운 건강 유지 비결은 없습니다.

어르신들이 보통 그렇듯이 엄마는 이 병을 앓기 전에도 운동과는 거리가 멀었습니다. 웬만한 거리는 걸어서 다니고, 85세까지는 대중교통을 이용해서 친구 만나러 나가시고 하는 게 운동의 전부였습니다. 스트레스를 푸는 수단이라면 속 터놓고 지내는 친구 한두 명과 수

다를 떠는 정도였죠.

자식들은 자랄 때는 보통 엄마의 성격과 기질을 굳이 평가할 일이 없습니다. 저도 마찬가지였죠. 그렇지만 유전적으로 대물림된 성향은 물론이고 부모님 슬하에서 자랄 때 보고 배우고 느낀 것들은 고스란히 어떤 기질이 되어 제 몸에 녹아 있기 마련입니다. 그러니 '엄마가 어떤 성향, 어떤 기질의 여자'인지를 모른다고는 할 수 없을 겁니다. 후천적으로 닮아 있는 딸의 모습은 거부할 수 없는 진실이죠. 엄마의 머릿속 지우개가 '엄마'를 하나씩 지워가고 있는 가운데서도 오랫동안 엄마를 지배하고 있는 '내재된 성향'은 치매 진단 3년째에도 여전히 남아 있습니다.

치매에 걸린 뇌가 말하는 엄마의 기질

- 아내로서의 기억: 자신의 식사는 거부하면서, 남편 식사는 먼저 챙긴다.
- 여자로서의 기억: "식탁 위에 그릇 치워라", "먼지 들어온다 창문 닫아라."라고 말한다.
- 장모로서의 기억: 사위는 백년손님, 격한 분노 끝이라도 사위 맞이는 공손하게 한다.
- 엄마로서의 기억: "밥 먹었나?", "어두운데 집에 어떻게 가려고?"라고 말한다.

박성미(가명) 씨의 어머니는 90세가 넘었지만, 천생 여자였습니다.

알츠하이머성 치매를 앓고 있는 어머니의 뇌는 잊혀가는 그 어떤 것들에서도 비껴갈 천성이 남아 있었습니다. 꽃을 좋아하시는 어머니는 머리에 꽃을 꽂아드리면 좋아하셨고, 항상 미모를 갖추려는 노력은 잊지 않으셨습니다. 여성스럽게 보라색으로 '깔 맞춤' 하기를 좋아하시기도 했죠. 그 옛날 간호사였던 어머니는 만석꾼 집의 아버지를 만나 넉넉히 살아오셨습니다. 그러니 평생 살면서 세파에 찌들거나 물들지 않고 순수하면서도 체면을 깍듯하게 지키려는 내재된 성향이 있었던 것 같습니다. 손님이 오면 항상 틀니를 끼고 체면을 지키려 애쓰는 모습도 치매 진단 후 3년째까지 일관되게 보여주신 엄마의 모습이었다고 합니다.

치매를 앓고 있는 엄마에게서 드러나는 '영원히 여자'인 성향은 단순히 개인의 성격으로 규정하기보다는 한국의 유교적 문화의 영향이 큽니다. '여자는 이래야 한다'는 당위성으로 옭아매어 어떤 욕구에 대한 억압적 성격이 강화된 것입니다. 제가 만난 80대의 치매 엄마들 대부분이 억압의 기제가 내재된 성향이 치매로 인한 부정적 기억으로 남아 있었습니다.

사례자 정영실(가명) 씨는 어머니의 성격이 온순하고 참을성이 많다고 했습니다. 치매 진단을 받고 한동안 엄마가 "본처 집은 그리움인데, 첩의 집은 꽃집…"이라는 노랫말을 자주 흥얼거렸다고 합니다. 본처였던 엄마의 가슴속에 항상 응어리져 있던 게 체면 불고하고 튀어나온 게 아닐까 하고 딸은 엄마를 보며 눈물지었습니다.

그 시절 아버지는 첩을 두고도 당당했습니다. 그런 아버지가 돌아가시고도 엄마는 영실 씨가 작은어머니라 불렀던 분이 뇌출혈로 쓰러진 후 오랫동안 정성껏 간병했습니다. 착한 끝은 있다고 하지만, 착한 엄마여서 더 애잔한 엄마의 모습입니다. 그 시대에 당연히 감수해야 할 여자의 운명인 듯 만들어진 올가미가 뇌 기억 저장소에 뿌리 깊게 자리 잡은 게 아닐까 추측해봅니다. 몸으로 체득하고 습관화로 내재된 비서술 기억으로 말이죠.

엄마의 뇌는 당신 자신이다

딸이 본 31년생 엄마의 성격	아픈 뇌의 성격
내성적이다.	**겉으로 감정 표출**
완벽주의자다.	**완벽하지 않은 자신** 모른다. 기억이 안 난다. 움직일 수 없다.
체면치레를 중시한다.	**예의가 살아 있는 부분** 사위는 어렵다. 며느리는 손님이다.
남에게 민폐를 끼치지 않는다.	**자신이 할 수 있다는 자존심** 밥 먹여주는 걸 거부한다. 간병인 필요 없다.
현모양처다.	남편이 우선이다. 밥이든 간식이든 남편 먼저다.

이런 성격을 가진 여인은 태어나서 88세가 되는 동안 뇌가 '그런 여자'를 만드는 데 어떤 작용을 했을까요?

어떻게 보면 엄마의 전두엽은 감정 조절이나 집중력, 판단력 등의 일을 하는 동안 화를 내거나 짜증을 내거나 하기 싫다는 충동을 제어하는 '하지 말자'의 기능을 지나치게 충실히 해왔을 겁니다. 인내심을 키우는 브레이크 기능도 열심히 작동했겠죠. 충동 억제 기능이 너무 강하다 보면 매사에 부정적으로 사고할 가능성이 큰데 엄마가 그랬습니다. 엄마의 뇌 손상은 성격 변화를 가져왔고, 충동 억제 기능이 마비됐다고 볼 수 있습니다. 예전의 얌전하고 남에게 민폐 끼치기 싫어하는 엄마의 모습이 아니니까요.

유전적 요인과 환경 또한 무의식적으로 영향을 미치고
의도적으로 경험에 의해 형성된 성격은
뇌의 경험과 학습 기억을 통해 쌓인 내적 기제다.

당신만의 뇌, 당신만의 패턴

당신의 경험들과 기억들, 당신을 이루는 모든 재료에는 당신의 뇌 세포들 사이의 수천조 개에 달하는 연결선이 만든 당신만의 패턴이 있습니다. 수많은 과학자의 노력으로 뇌가 어떻게 작동해서 개개인의 생명체를 만들고, 어떤 과정을 거쳐 지금 당신의 모습에 이르게 됐는지, 뇌가 무슨 일을 해왔는지 알게 됐습니다. 뇌를 통해 움직이고 오감을 느끼며 마음의 진동이 일어나죠. 운동, 감각, 기억, 마음에 쌓인 경험과 뇌에 저장된 기억들이 생명체의 주인입니다.

우리의 성격은 뇌가 경험하고, 학습하고, 기억하는 것들과 어떻게 상호 작용해서 만들어지는 걸까? 사전적 의미로 성격은 개인을 특징짓는 지속적이며 일관된 행동 양식을 말하죠. 어떤 주어진 상황에서 어떤 행동을 할 것인가를 타인이 예상케 하는 것을 의미합니다.

성격 형성에 영향을 미치는 것이 무엇인지에 따라 세 가지 측면으로 나눠볼 수 있습니다. 첫째, 사회적 측면을 강조한 학설입니다. 사회에서의 개인의 역할 및 상태를 규정하는 모든 성질의 통합이라고 규정합니다.

둘째, 성격을 형성하는 데 습관의 역할이 크다고 보는 입장입니다. 모든 행동은 한번 시행되면 일종의 소질이라고 할 수 있는 것이 생기는데요. 일정한 대상에 대하여 동일한 행동을 반복할 때는 점차 그 행동이 쉬워져 나중에는 아무런 노력을 하지 않아도 기계적으로 하게 되죠. 한번 습관이 생기면 제2의 본능이라고 할 정도로 강력한 힘을 가집니다.

셋째, 타고난 기질과 자란 환경 그리고 사회적 역할 등에 의하여 후천적으로 형성되는 부분이 있습니다. 환경에 적응한 성격 형성은 열대, 한대, 섬나라, 사막 등 지리적·풍토적 환경에서 생활하면서 적응

된 성격이나 상인 근성, 목사형이나 교사형 같은 생활 환경에서 물려받은 성질이 개인의 성격 형성에 영향을 미치는 경우입니다.

엄마는 귀하게 자란 맏딸이자 뭐든 잘했던 유년기에서 청년기까지의 습관화된 자존감이 성격 형성에 영향을 주었고, 그로 인해 심리적으로 드러내지 않으면서 완벽해야 한다는 자아가 굳건해진 것이라는 생각이 들었습니다.

결국 MBTI 성격유형 검사[1]에 따르면 엄마는 내향형이면서 현실주의형이고 원칙주의형이면서 계획형이고 신중형입니다. 본인이 검사 문항에 직접 답을 해야 알 수 있겠지만, 그럴 수 없으니 딸이 50대가 되는 동안 '엄마의 자리'에서 보여준 많은 사고와 행동, 판단 등을 근거로 볼 때 이렇게 해석됐습니다.

뇌를 다치면 성격이 바뀐다

    신경심리학 분야에서 사고로 뇌를 다친 사람이 변덕스럽고, 공격적이며 참을성 없는 성격으로 변했다는 유명한 사례가 있습니다. 피니어스 게이지^{Phineas Gage} 사건으로 잘 알려진 이야긴데요. 게이지는 일을 하던 중 1미터짜리 쇠막대기가 머리를 관통하는 사고를 당했습니다. 놀랍게도 그는 살았고 의식도 잃지 않았습니다. 다만 몸은 완쾌됐어도 성격이 괴팍하게 변했습니다. 컴퓨터로 게이지의 뇌를 재구성했

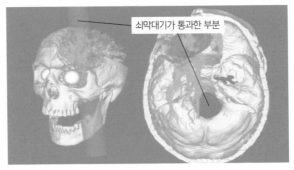

쇠막대기가 통과한 부분

컴퓨터로 재구성한 피니어스 게이지의 외상 부위[2]

는데 전두엽이 손상됐다고 합니다.

앞서 뇌의 기능과 구조에서 봤듯이 뇌는 영역마다 맡은 역할이 다릅니다. 만약 게이지처럼 대단한 사고가 아니더라도 머리를 한 대 맞으면 언어, 시각, 기억을 포함한 다양한 기능들이 영향을 받을 수 있습니다. 전두엽은 경영 기능, 정신적 유연성, 문제 해결에 중요하며, 다양한 성격적 특성도 담당합니다. 그중 뇌 경영 기능이란 상충하는 생각을 구별하고, 선과 악을 판단하고, 현재 행동이 미래에 가져올 결과를 예측하는 능력을 말합니다. 또한 이전에 설정된 목표에 따라 작업을 관리하고, 결과를 예측하고, 대인관계에서의 충동을 조절하는 능력도 포함됩니다. 게이지는 전두엽에 손상을 입었기 때문에 공격적이고 참을성 없는 성격으로 변한 것입니다.

엄마가 노년에 맞이한 뇌혈관성 치매라는 병은 전두엽과 해마, 편도 부위를 전반적으로 공격했습니다. 그래서 조용하고 얌전하던 엄마가 화를 참지 못하는 성격으로 변하게 됐죠. 어린아이처럼 본능에 가까운 행동을 하는데, 나름의 이유를 설명하지 않고 분노와 불안 증세로 표현할 뿐입니다. 인지력이 떨어진 치매 엄마는 자신이 왜 화가 나는지, 왜 그런 행동을 하는지 더는 설명할 수가 없습니다.

엄마와 작별하는 그 순간까지 잊지 말아야 할 것들

첫째, 엄마의 정신이상 행동을 인정해주기

둘째, 엄마가 감정 파국이 멈출 때까지 기다려주기

셋째, 엄마를 인격적인 존재로 존중해주기

영국 브래퍼드대 응용치매연구센터의 게일 마운틴 교수는 가족을 알아보지 못하는 단계가 되어도 인지는 어느 정도 살아 있다고 말했습니다. 그는 25년간 치매 연구를 하면서 깨달은 돌봄 기술 중 가장 중요한 진리를 이렇게 제시했습니다. "환자를 온전히 인간으로 대하고 의사를 존중해야 그들의 불안감을 진정시킬 수 있다."[3]

인간이 가진 다섯 가지 감각은 뇌에 입력되면 기억의 저장소에서 관련 기억을 불러들여 생각하고 판단하고 행동하게 한다고 했습니다. 시각으로 들어오는 환경이 조금이라도 달라지면 공포에 휩싸입니다. 엄마는 시각·청각 정보로 들어오는 낯선 간병인을 강하게 거부하고, 사라진 미각 때문에 입맛을 잃었습니다. 그런데 촉각은 어떨까요?

다섯 가지 감각 중 가장 최후까지 살아남는 감각이 촉각이라고 합니다.[4] 촉각은 처음에 접촉 정보로 뇌에 신호를 보냅니다. 진동이나 압력을 느끼고 섬세한 결이 감각 경로를 따라 뇌에 입력되죠. 촉각의 독특한 측면은 감정적 맥락이 촉각 경험 자체를 바꾸기도 한다는 점입니다. 촉각은 사회적 유대감이나 쾌감, 통증 등과 연관돼서 감정적 의미가 같이 전달되는 감각입니다. 누군가가 어깨에 손을 올리면 상대가 친한 친구인지, 연인인지, 싫어하는 사람인지에 따라 느낌이 다르지 않던가요? 보고 듣는 것보다 우리 피부에 와닿을 때 비로소 진짜로 느끼게 됩니다.

엄마의 뇌는 감각 정보를 처리하는 작업이 갈수록 힘들어지겠지만, 가족이 손을 잡아주고, 따뜻하게 안아주고, 언제나 당신의 현재 상태를 인정해주는 모습은 기억할 겁니다. 어린아이들은 배가 고플 때, 아플 때, 기저귀를 갈고 싶을 때 본능적으로 울음으로 표현하고 자신을 사랑으로 안아주는 엄마의 손길을 기다립니다. 무서운 상황에 처하거나, 원하는 것을 방해받을 때도 가장 먼저 엄마를 찾죠. 아이는 엄마를 보고, 듣고, 느끼고, 냄새도 맡으면서 안정을 찾습니다.

치매를 앓고 있는 엄마는 어쩌면 어린아이가 경험하는 무서움과 불안감보다 더한 상황에 처해 있는 건지도 모릅니다. 보고, 듣고, 느끼는 모든 것이 낯설기 때문이죠. 그중 오래오래 살아남아 있을 촉각에 기대어 엄마는 아버지의 손길, 자식들의 체온을 느낍니다. 정작 누구인지는 알아보지 못하지만 그 따뜻함에 평안함을 되찾는 것이라 믿습니다.

늦기 전에
엄마에게 듣고 싶은 말

저는 이 글을 쓰면서 엄마와 나누고 싶은 이야기가 많았습니다. 엄마가 살아온 삶이 어땠는지, 엄마에게 기뻤던 일과 아팠던 기억이 무엇이었는지, 지금 엄마가 가장 하고 싶은 일은 무엇인지 알고 싶습니다.

치매 엄마 이야기를 영화로 만든 하윤재 씨는 언젠가 엄마와 마지막 순간에 건넬 작별 인사를 고민하면서 "엄마, 우리는 참 좋은 인연인 것 같아요. 그러니깐 다음 세상에서도 꼭 다시 만나요!"라고 말했다고 하는데요. 엄마는 "나야 꼭 만나고 싶지. 근데 여기서도 이리 니한테 짐이 되는데. 고마, 니는 다음에 더 좋은 부모 만나서 편하게 살아라"라고 답했다고 합니다. 그 대답이 예상 밖이어서 눈물이 왈칵 쏟아졌습니다.

저는 답변조차 할 수 없게 된 엄마를 생각하며 눈물을 삭입니다. 질문을 천천히 쉽게 하면 아직은 이해하시지만, 당신의 처지를 인지하는 순간에는 입을 꼭 다무십니다. 손짓과 간단한 말로 의사를 표현할 뿐 말문을 닫으셨습니다. 엄마의 심정을 누구도 알 수가 없습니다. 다만 '내가 왜 이렇게 됐나? 애들한테 민폐 끼치고 있구나. 이렇게 오래 살면 안 되지…' 하는 착잡한 심정이리라고 짐작만 할 뿐입니다. 가끔 맑은 정신에 한두 마디 하시는 말씀이 그러니까요.

치매 진단을 받고 1년여 동안 엄마의 일상에 큰 변화는 없었습니다. 그때까지도 무의식적으로 엄마의 품은 여전히 엄마였습니다. 2~3년 전으로 돌아간다면 엄마가 자식들에게 민폐 끼치기 싫다고 한사코 마다하셨던 외식, 맛있는 맛집 모시고 다니면서 평생 주방을 벗어나지 못한 한도 풀어드리고, 퇴행성 난청으로 소통이 안 되는 아버지 때문에 우울감에 빠져들지 않게 여행도 많이 다닐 텐데 하는 생각을 합니다. 이렇게 할 걸, 저렇게 할 걸 하면서 수많은 생각을 하지만 이미 후회밖에 할 수 있는 게 없습니다.

저는 늦게 결혼해 50대 초반에 아이가 대학생이 되었지만, 그동안 만나본 치매 보호자 딸들 중 50대 중·후반은 손자·손녀를 본 분도 많았습니다. 대부분 갱년기를 지나고 있는 나이에 어느 날 치매에 걸린 어머니를 돌보게 된 겁니다. 예전에는 '노망'이나 '망령'이라고 했지만, 건강 수명 100세 시대인 지금은 치매라는 병명으로 50대 자식과 80대 부모가 함께하게 됐습니다. 2019년 5080세대 모녀지간에 흔히 볼 수 있는 초상입니다.

이제 겨우 3년이 흘러가고 있습니다. 서서히 무너져 가는 어머니의 육신을 바라보며 힘든 시간을 보내고 있습니다. 하지만 아무리 힘들다고 해도, 3년밖에 안 지났다며 한탄할 자식은 없겠죠. 치매 환자의 수명은 사람마다 다르지만, 치매를 앓는 고령 부모가 생명의 끈을 놓기까지 걸리는 시간은 10년 안팎으로 길고도 험한 길이란 걸 잘 알고 있습니다.

치매에게 묻고 엄마의 뇌가 답하는 본 책의 스토리텔링을 연구하고 탐구하는 과정은 어떻게 보면 엄마의 본질을 쫓아가는 여정이었던 것 같습니다. 많은 분이 치매 환자를 지켜보면서 〈벤자민 버튼의 시간은 거꾸로 간다〉라는 영화를 떠올립니다. 우리의 삶이 어느 순간 정점을 찍은 뒤 거꾸로 가는 시간과 같다는 생각이 듭니다. 생물학적으로 퇴행하는 육신은 아기로 돌아가는 자연 순환의 이치와 닮았습니다. 인지력이 3세 수준인 엄마는 감정, 기억, 사고, 성격 등을 관장하는 뇌의 지배령에서 하나씩 궤도를 이탈하고 있습니다.

총명하고 자신에게 엄격하며 타인의 시선에 유독 민감하던 분, 매사에 완벽을 추구했던 엄마는 어느 날 갑자기 정신을 놓더니 서서히 무너져 전혀 다른 사람이 되어버렸습니다. 육신과 정신 모두 폐허가 되어 엄마의 정신, 사랑, 자아, 의지는 더 이상 예전의 엄마가 아닙니다. 저는 엄마의 본질 앞에 망연히 서 있는 딸입니다. 저 역시 천천히 따라가야 할 길, 그 길 한 가운데서 저의 본질을 만나고 있는지도 모릅니다.

기한이 언제일지 어렴풋이 짐작할 뿐, 영혼이 떠나가 버린 치매라는 병은 당사자도 가족도 끝을 알 수 없는 절망의 터널을 걸어가게 합니다. 우리 곁에서 점점 멀어져가는 엄마 앞에 아무것도 가진 것 없는 무력한 자식이지만, 끝까지 그 길을 지켜보며 함께할 것입니다.

엄마….
엄마….
저 막내딸, 재우예요.

■ 인터뷰에 응해주신 분들

※2018년 봄 기준

사례자	치매 노모의 나이와 진단명	돌봄 형태
사례자 1(이재우)	88세(뇌혈관성 치매)	가정간호(2년)
사례자 2(나○○)	78세(사망, 뇌졸중, 뇌혈관성 치매)	가정간호, 2017년 사망
사례자 3(박○○)	92세(알츠하이머성 치매)	가정간호(3년)
사례자 4(이○○)	90세(고관절 수술 후 치매)	가정간호(10년)
사례자 5(윤○○)	83세(뇌경색, 뇌혈관성 치매)	가정간호(4년)
사례자 6(정○○)	96세(뇌혈관성 치매)	요양원 입소(4년)
사례자 7(박○○)	87세(알츠하이머성 치매)	가정간호, 요양원 입소(3년)
사례자 8(이○○)	85세(알츠하이머성 치매)	가정간호, 요양원 입소(3년)
사례자 9(유○○)	85세(알츠하이머성 치매)	가정간호 10년

■ 사례자 노모의 증세

공통 증세	사례자	정신행동증세
불면	사례자 1	집 안 배회, 화장실 자주 감
	사례자 3	밤에 환각 증세 보임
	사례자 4	밤에 환각 증세 보임
	사례자 5	배회(시공간 착각)
	사례자 6	수집(쓰레기)
	사례자 8	밤에 나가려고 함
집착(강박)	사례자 1	요의(화장실 자주감, 휴지 집착)
	사례자 2	옷에 대한 집착과 망상
	사례자 3	변의(화장실), 반복 행동
	사례자 7	의심증(딸, 간병인)
	사례자 9	요의(화장실),옷 껴입기

분노(화, 공격성)	사례자 1	집착, 강박 증세에 대한 대처에 방어적일 때 분노
	사례자 6	
	사례자 8	
거부	사례자 1	간병인, 목욕 거부, 식사 거부
	사례자 5	간병인, 목욕 거부
	사례자 6	간병인, 목욕 거부
	사례자 7	목욕, 식사 거부
낙상	사례자 1	치매 병환 중 골절
	사례자 2	
	사례자 6	
	사례자 7	
기타(성격)	사례자 1	외모관리 습관
	사례자 3	현모양처(뭐든 남편 먼저), 사위는 백년 손님,
	사례자 6	착하고 참을성 많음

뇌과학 전문 분야의 내용은 다음의 책과 논문, 관련 기관 홈페이지의 질환 정보를 공부하면서 해당하는 부분을 발췌 · 인용하거나 재해석해서 쓴 글임을 밝힙니다. 그림과 뇌 사진 또한 다음 책들에서 발췌하거나 웹상에서 공개된 자료를 사용했습니다.

1장

1. 정용 · 정재승 · 김대수, 《1.4킬로그램의 우주, 뇌》, 사이언스북스, 2014, p.41
2. 유병팔, 《125세 건강장수법》, 에디터, 2017, p.105
3. "혈관성 치매", 서울아산병원 질환백과, http://www.amc.seoul.kr/asan/healthinfo/disease/diseaseDetail.do?contentId=32001
4. 신경학, 《허혈성 뇌혈관 질환의 증상(symptoms of ischemic cerebral diseases)》, 서울대학교 출판문화원, 2005
   신경, 《허혈성 뇌혈관질환》, 도서출판 정담, 2013
5, 6, 7. 김현정, "치매 걸린 뇌에서는 이런 일이…", 헬스조선, 2014.12.11, http://health.chosun.com/site/data/html_dir/2014/12/08/2014120802096.html
8. "경기도중등수학과 교육연구회 직무연수 자료집", 2013, https://www.slideshare.net/21ERICK/2013-1109
9. 송민령, "뇌 속 수많은 신경세포… 어떻게 부위마다 다른 기능 수행할까?", 매경프리미엄, 2018.01.15, http://premium.mk.co.kr/view.php?no=21178
10. "축삭돌기", 다음백과, http://100.daum.net/encyclopedia/view/24XXXXX75928
11. 정용 · 정재승 · 김대수, 《1.4킬로그램의 우주, 뇌》, 사이언스북스, 2014, p.50

2장

1. "강박 장애", 서울아산병원 질환백과, http://www.amc.seoul.kr/asan/healthinfo/disease/diseaseDetail.do?contentId=32132
2. 윤수진 · 정지향 · 강수진 · 나덕렬, <전두측두엽 치매의 강박적 행동과 초기증상>, 대한신경과학회지, 2000, 18(6):681~686

3. 데이비드 이글먼, 《더 브레인》, 해나무, 2017, p.25~26

3장

1. 김성준, 《인체생리학 = Human physiology》, 2012
   Joseph LeDoux, 《느끼는 뇌》, 학지사, 2006, p.228
2. 정용 · 정재승 · 김대수, 《1.4킬로그램의 우주, 뇌》, 사이언스북스, 2014, p.48~52
3. 김경미 외, 《감각통합 Q&A》, 학지사메디컬, 2003, p.178~180

4장

1. 이마이 코슈, "치매 환자의 돌발 분노", https://info.ninchisho.net/column/psychiatry_005
2. 브레인월드, "기억에 정서를 입히는 편도체", http://brain.brainworld.com/front/page/BrainKeek/amygdala.aspx?menu=12&category=Keek
3. 에릭 캔델 · 래리 스콰이어, 《기억의 비밀》, 해나무, 2016, pp.385~386

뇌영상화 연구

래리 카힐(Larry Cahill)과 제임스 맥고(James L. McGaugh)의 연구는 건강한 성인들 15명을 대상으로 뇌 영상화 연구이다. 감정적으로 괴로운 장면들을 보여주면서 기능성 자기공명영상법으로 신경활동을 측정한 결과 피실험자들은 더 큰 감정적 흥분을 일으킨 장면을 더 잘 기억했다. 그 장면들을 볼 당시에 편도체에서 일어난 신경활동과 관련이 있다는 의미다.

임상 실험 연구

캘리포니아 대학의 제임스 맥고와 그의 동료들의 동물 실험 연구팀은 동물이 적당히 자극적인 경험을 하면 다양한 호르몬이 혈류와 뇌로 분비된다. 그 호르몬들을 모아두었다가 동물이 과제 수행 훈련을 마친 직후에 주입해 보니, 훈련 성과가 더 강하게 유지됐다. 특히 아드레날린과 같은 스트레스 호르몬은 돌발 상황이 발생할 때 혈류로 분비되어 편도체를 활성화함으로써 기억에 영향을 미친다.

4. 휴한의원, "불안이나 공포 반응의 뇌 속 주인공, 편도체", https://m.blog.naver.com/hanikim72/221155912376
5, 6, 7, 8. 이철재, "사춘기 땐 생각하는 뇌 부위 덜 자라 … 버럭 · 까칠 · 소심이로", 중앙일보, 2015.07.25, https://mnews.joins.com/amparticle/18313424

5장

1. 금나나, "신개념 8 to 2 다이어트를 아십니까—금나나의 하버드 레터", 비온뒤, 2017.05.10, http://www.aftertherain.kr/commentary/index.php?work=view&mode=BB001&page=1&search=&strsearch=8%20to%202&cate=1010&pageNum=&subNum=&tidx=&idx=20439

   "미인은 잠꾸러기?…수면 부족하면 못생겨지는 과학적인 이유?", 디스패치, 2018.06.28, https://www.dispatch.co.kr/1370776

2. 신승훈, "세로토닌, 긍정적 마음의 호르몬", 브레인미디어, 2019.06.05, http://www.brainmedia.co.kr/brainWorldMedia/ContentView.aspx?contIdx=21109

3. 곽호완 · 박창호 · 이태연 · 김문수 · 진영선, <렘수면(REM sleep)>, 실험심리학용어사전, 2008

렘수면

수면의 여러 단계 중 빠른 안구 운동이 일어나는 기간. 뇌 활동이 상당히 일어나고 있음을 시사하며, 전압이 낮고 빠른 불규칙적인 파들이 나타나는 동시에 체위근은 다른 수면 단계보다 더 이완 상태에 있다. 따라서 깊은 잠과 선잠을, 그리고 깊은 잠이나 선잠으로 분류되기 힘든 특징들을 조합해 놓은 상태를 말한다.

6장

1. 양혜인, "우울증 앓는 사람 뇌 속 '해마' 용적 작다", 메디컬투데이, 2011.07.21, http://www.mdtoday.co.kr/mdtoday/index.html?no=161219

2. "운동하면 기억력 좋아진다", 한국병원 의학정보, http://www.hankookhospital.co.kr/MedicalNews/5773

3. 구자욱, "[전문가의 세계—뇌의 비밀](3) 우울해서 한잔, 술 깨면 더 우울 '도파민의 덫'", 2016.12.16, http://news.khan.co.kr/kh_news/khan_art_view.html?artid=201612162124005#csidxa64f75d6dddd7f393d27be0e4ee76a2

4. 이태헌 · 최준호 · 신병철 · 신희은 · 손효림, <치매와 우울증 상관관계>, Korean Journal of Family Practice, p.327~330

5. 데이비드 이글먼, 《더 브레인》, 해나무, 2017, p.45~46

6. 데이비드 이글먼, 《더 브레인》, 해나무, 2017, p.209

7. 한현정 · 손상준 · 하주원 외, <인지기능이 저하된 환자에서 그룹 음악치료가 정서 및 일상생활능력에 미치는 영향>, Dementia and Neurocognitive Disorders, 2014, p.107~111

8, 9. 김권수, "감정을 대하는 뇌의 비밀", 브런치메거진, 2015.12.11, https://brunch.co.kr/@hesse24/10

7장

1, 2. 에릭 캔델·래리 스콰이어, 《기억의 비밀》, 해나무, 2016, p.216~217

3. 오철우, "1000억개 뉴런, 100조개 시냅스…이들은 기억에서 무슨 일할까", 한겨레, 2016.08.10, http://www.hani.co.kr/arti/science/science_general/755976.html

카할의 뉴런주의

산티아고 라몬 이 카할(스페인어: Santiago Ramón y Cajal, 1852. 5. 1~1934. 10. 17)은 스페인 출신의 신경조직학자이다. 뇌의 미세구조에 대한 그의 선구적인 업적으로 말미암아 근대 뇌과학의 아버지라 불린다. 뇌는 신경세포 또는 뉴런으로 불리는 개별 세포들로 이루어졌고, 그 세포들은 각각의 막으로 덮여있다. 라몬 이 카할은 이 뉴런들이 뇌 속 신호 전달의 기본 단위라고 주장했다. 이를 연구한 공로로 그는 1906년 노벨 생리의학상을 받았다. 1880년부터 100편이 넘는 논문을 통해 신경원설을 정립하기도 했는데 이것이 카할의 뉴런주의다.

– 에릭 캔델, 《기억의 비밀》, p.75~76

8장

1. 정용·정재승·김대수, 《1.4킬로그램의 우주, 뇌》, 사이언스북스, 2014, p.72

2. 에릭 캔델·래리 스콰이어, 《기억의 비밀》, 해나무, 2016, p.102~104

군소 실험

무척추 동물인 군소의 감각 뉴런을 건드려 '아가미 움츠림 반사신경회로'를 관찰해서 시냅스 연결과 세기, 신경전달물질의 방출 등을 관찰해 기억 저장 매커니즘을 연구한다. 군소의 중추신경계는 신경절이라는 신경세포 집단들로 이루어졌다. 신경절 10개 중에 아가미 움츠림 반사는 배 신경절에 의해 통제된다. 이 신경절은 2천여 개의 세포를 보유하고 다양한 행동을 산출한다. 수관 움츠림, 호흡을 위한 펌프작용, 심장박동수 증가, 혈류 증가를 일으킨다.

3, 4. 데이비드 이글먼, 《더 브레인》, 해나무, 2017, p.37

9장

1. "파킨슨병 진단과 원인", 장덕한방병원 뇌센터, 2018.12.17, https://blog.naver.com/xn8hv5j/221421094301
2. 데이비드 이글먼, 《더 브레인》, 해나무, 2017, p.206
3. 데이비드 이글먼, 《더 브레인》, 해나무, 2017, p.77

10장

1. MBTI 성격유형검사

캐서린 브릭스와 그녀의 딸 이사벨 마이어스가 정신과 의사인 융의 심리유형론을 근거로 개발한 대표적인 성격심리검사다. 쉽게 응답할 수 있는 95개의 자기보고 문항을 통해 응답자가 인식하고 판단할 때 선호하는 경향을 파악해볼 수 있다. 힘을 발휘하는 성향, 정보를 지각하는 성향, 의사결정을 내리는 성향 , 라이프스타일 성향 등이 각각 2가지로 구분되어 있고 4개의 선호 경향에 따라 파악한다. 이를 바탕으로 개인의 성격, 흥미 등의 특성과 함께 선호하는 작업 환경 및 직업에 대한 정보를 제공한다.
예) 외향형과 내향형, 직관형과 현실주의형, 이성적 사고형과 원칙주의형, 계획형과 탐색형, 자기주장형과 신중형

2. "How Phineas Gage survived a horrific brain injury to become one of the most famous names in medical history", National Post, 2014.05.16
3. 조유미, "25년 치매 전문가 '기억은 흐려지지만… 환자도 즐거움 느낄 수 있는 인간'", 조선일보, 2018.11.23, http://news.chosun.com/site/data/html_dir/2018/11/23/2018112300343.html
4. 김태, "[김태의 뇌과학] 촉감의 뇌과학", 서울신문, 2018.01.29, http://m.seoul.co.kr/news/newsView.php?id=20180130029005&cp=seoul#csidxd5866631fc534898ad3887293ffe9f9

참고 문헌

- 에릭 캔델 · 래리 스콰이어, 《기억의 비밀》, 해나무, 2016
- 정용 · 정재승 · 김대수, 《1.4킬로그램의 우주, 뇌》, 사이언스북스, 2014
- 데이비드 이글먼, 《더 브레인》, 해나무, 2017
- 유병팔, 《125세 건강장수법》, 에디터, 2017
- 이성희 · 유경, 《엄마의 공책》, 궁리출판, 2018
- 김철수, 《장모님의 예쁜 치매》, 공감, 2014
- 김별, 《세상에 이런 가족》, 뜨인돌출판사, 2015
- 기시미 이치로, 《나이 든 부모를 사랑할 수 있습니까》, 인플루엔셜, 2017
- 곽용태, 《우리 부모님의 이상한 행동들》, 브레인와이즈, 2017
- <2017 치매상담콜센터 사례집−고향의봄>, 보건복지부 · 중앙치매센터, 2017
- <희망을 담은 10년의 이야기들−치매극복수기 수상작 모음집>, 서울특별시 · 서울특별 시광역치매센터, 2018
- 가이 맥칸 · 마릴린 앨버트, 《젊은 뇌를 지녀라》, 사그마프레스, 2004
- 라즈 채스트, 《우리 딴 얘기 좀 하면 안 돼?》, 클, 2015
- 강신익, <노화의 과학과 나이 듦의 철학>, 한국철학회학술대회, 2010, p.1

10개의 키워드로 이야기하는 나이 듦의 뇌과학

엄마의 뇌에 말을 걸다

초판 1쇄 발행 2019년 8월 19일
지은이 이재우

펴낸이 민혜영 ∣ **펴낸곳** (주)카시오페아 출판사
주소 서울시 마포구 성암로 223, 3층(상암동)
전화 02-303-5580 ∣ **팩스** 02-2179-8768
홈페이지 www.cassiopeiabook.com ∣ **전자우편** editor@cassiopeiabook.com
출판등록 2012년 12월 27일 제2014-000277호
편집 이주이 ∣ **디자인** 유채민
일러스트 송진욱

ISBN 979-11-88674-73-2 03400

이 도서의 국립중앙도서관 출판시도서목록 CIP은 서지정보유통지원시스템 홈페이지(http://seoji.nl.go.kr와
국가자료공동목록시스템 http://www.nl.go.kr/kolisnet에서 이용하실 수 있습니다.
CIP제어번호: CIP2019030278

• 잘못된 책은 구입한 곳에서 바꾸어 드립니다.
• 책값은 뒤표지에 있습니다.